PENSANDO O LEITE
Volume I

CONCEITOS

FEALQ

2022

PENSANDO O LEITE
Volume I

CONCEITOS

ORGANIZADOR

ARTUR CHINELATO DE CAMARGO

Fotos da capa: Fotokostic e Dragunov by Depositphotos imagebank

© FUNDAÇÃO DE ESTUDOS AGRÁRIOS
LUIZ DE QUEIROZ - FEALQ

Av. Centenário, 1080
13416-000. Piracicaba, SP, Brasil

Fone: 19-3417-6609
livros@fealq.org.br
www.fealq.org.br

Dados de Catalogação na Publicação
DIVISÃO DE BIBLIOTECA - DIBD/ESALQ/USP

Faria, Vidal Pedroso de, 1940-2020
Pensando o leite, v.1 : conceitos / Vidal Pedroso de Faria (*in memoriam*); organização de Artur Chinelato de Camargo. - - Piracicaba : FEALQ, 2022.
220p.

ISBN: 978-65-89722-05-2

1. Bovinocultura leiteira 2. Indústria leiteira 3. Leite 4. Produção leiteira 5. Pecuária leiteira I. Camargo, A. C. de, org II. Titulo

CDD 637.1

Elaborada por Maria Angela de Toledo Leme - CRB-8/3359

ISBN: 978-65-89722-05-2

As revisões técnicas, ortográficas, de digitação e ordenação de cada parte destes Anais são de responsabilidade de seu(s) respectivo(s) autore(s).

PRÓLOGO DA 2ª EDIÇÃO

Ao prefácio da primeira edição desta obra, primorosamente elaborado por Artur Chinelato de Camargo, pouco se pode acrescentar. Em vista disso, ao ensejo desta reedição, cumpre-me, em poucas e pobres palavras, relembrar o papel que o Autor desempenhou, como personalidade central, na comunidade de docentes, discentes, colaboradores e usuários do Departamento de Zootecnia da Escola Superior de Agricultura "Luiz de Queiroz", na condução de atividades de ensino, pesquisa e difusão de técnicas de produção leiteira, durante aproximadamente cinquenta anos.

Em grande parte desse período fui um dos colaboradores do Departamento de Zootecnia na promoção de eventos de extensão e pude conviver de perto com Vidal Pedroso de Faria. Sua invejável capacidade de liderança, raramente surpreendida pelos circunstantes, assegurava-lhe um método personalíssimo e eficaz de atuação, que compreendia a arguta observação dos fatos, a colaboração para solucionar problemas difíceis, o oferecimento de opiniões sensatas, o enfrentamento de situações complicadas para decisões cruciais.

Nessas situações foi mestre e amigo: não impunha, compunha. Por isso, era sempre ouvido. Sua opinião era imprescindível e solicitada por todos que o cercavam. Nunca houve atitude sua objetivando promoção pessoal ou defesa de interesses mesquinhos.

Esta conduta e, digamos, filosofia de vida, constituiu o substrato em que floresceram os textos da obra ora reapresentada pela Fundação de Estudos Agrários Luiz de Queiroz a seus inúmeros discípulos, admiradores e amigos. Trata-se de justa homenagem que esta Instituição presta a um de seus ex-dirigentes, também um dos artífices de seu desenvolvimento. Dessa maneira, o poder das ideias, tão generosamente oferecidas, poderá contribuir para as reflexões de quantos se dediquem ao estudo e ao aprimoramento das técnicas de produção leiteira em nosso país.

José Carlos de Moura

PREFÁCIO

Formar pessoas, capacitando-as para atuar com conhecimento, responsabilidade, seriedade e sensibilidade na bovinocultura leiteira. Esta foi, é, e sempre será a missão que marcou a vida do professor Vidal Pedroso de Faria da ESALQ-Escola Superior de Agricultura "Luiz de Queiroz", da USP-Universidade de São Paulo, em Piracicaba-SP. Ao longo de toda sua carreira como professor conseguiu lograr êxito em seu intento. E foi além. Transformou a vida de muita gente. A luta desse 'jesuíta do leite', como muitas vezes era visto, é algo que emociona e faz crer que o Brasil, apesar de tudo, tem solução.

Quem, como eu, teve a oportunidade de ser seu aluno, pode experimentar esse sentimento. Afinal, o que esperar de um ser urbano, natural da capital paulista, com raros momentos de contato com o campo, como ele mesmo definia, brincando: *"não sabia distinguir uma vaca holandesa vermelha e branca de uma égua pampa"?* Admito, também com alguma ironia, me tornei um técnico capaz, hoje, de diferenciá-las.

A dedicação apaixonada do professor Vidal Pedroso de Faria ao ensino, à pesquisa e à extensão, emociona a todos aqueles que tiveram o privilégio de conviver, por um momento que seja, com um ser humano tão especial, que Deus, certamente, perdeu a fórmula, não conseguindo reproduzir outro semelhante. Tirou do obscurantismo da ignorância leiteira um contingente extraordinário de técnicos e produtores. Aposentou-se precocemente de suas funções na ESALQ, com o objetivo de abrir espaço para os mais jovens, em mais uma nobre atitude, mas continuou trabalhando em sua missão, além de ser diretor, não remunerado, da FEALQ-Fundação de Estudos Agrários "Luiz de Queiroz", também em Piracicaba-SP, desde sua fundação em 1976.

Para quem não teve a oportunidade de ser seu aluno ou assistir uma de suas inúmeras palestras, o SEBRAE/RJ-Serviço de Apoio à Micro e Pequena Empresa do Estado do Rio de Janeiro, em conjunto com a FAERJ-Federação da Agricultura, Pecuária e Pesca do Estado do Rio de Janeiro e o SENAR/RJ-Serviço de Aprendizagem Rural do Estado do Rio de Janeiro, propiciaram, em 2015, a primeira edição do livro **Pensando o Leite**, atualmente esgotada. Dele fazem parte os mais variados temas abordados pelo professor Vidal Pedroso de Faria em 260 editoriais escritos, ao longo de 22 anos, na revista Balde Branco. Estão divididos em três volumes: Conceitos, Economia e Manejo, todos envolvendo o setor leiteiro. Agora, cinco anos depois, é a vez da FEALQ--Fundação de Estudos Agrários "Luiz de Queiroz" apoiar o acesso a essa obra, patrocinando sua segunda edição.

Todo produtor de leite, profissional, instituição e empresa ligada direta ou indiretamente à atividade leiteira deve dispor de **Pensando o Leite,** como 'livro de cabeceira'. Os textos, de fácil compreensão e sempre atuais, serão, não tenho dúvida, verdadeiros guias para consultas rápidas e prontamente disponíveis; para aulas aonde se fizer necessária à compreensão de conceitos básicos sobre a atividade leiteira; para avaliar se o que está sendo feito tem paralelo na história do setor; como leitura obrigatória para levantar o moral quando a situação estiver complicada ou para baixar a bola evitando surfar nos traiçoeiros mares do 'oba-oba'.

O produtor Carlos Minguta disse que as propriedades leiteiras do Brasil deveriam erguer uma estátua em homenagem ao professor Vidal Pedroso de Faria e que isso ainda seria pouco pelo tanto que fez em prol do setor leiteiro. Para que se tenha noção da importância de tal sugestão, reproduzo carta redigida por esse produtor, atualmente produzindo leite no município de Quissamã-RJ, que exprime bem o sentimento de quem teve a oportunidade de conviver com um ser humano ímpar. Sob o título: *"O dia em que a Terra parou",* a carta narra como ele e seu pai, conheceram o professor.

"Era uma quinta-feira, final de julho de 1979. Eu e meu pai aguardávamos um carro que viria de Conceição de Macabu-RJ, nos apanhar no distrito de Macabuzinho e nos levaria até Campos dos Goytacazes-RJ, onde assistiríamos a uma palestra de um certo Vidal Pedroso.

Atipicamente, chovia torrencialmente naquela manhã de inverno. O carro deveria chegar por volta de sete horas da manhã e já passava das oito, quando eu e meu pai tirávamos a roupa de passear e colocávamos a farda do curral, descrentes de que o carro ainda viesse. Saíamos pelos fundos da casa, em direção ao curral, quando minha mãe gritou: "Chegaram!".

Recolocamos a roupa limpa e mergulhamos no fusca da Emater-Rio, na companhia de dr. Sebastião, médico veterinário, e Geraldo Tavares, produtor de leite.

Era uma insanidade fazer uma viagem naquelas condições. Caia um dilúvio sobre o fusca que ainda enfrentaria 65 km de uma BR-101 sem acostamento. Mas como nada é por acaso, parecia que toda aquela adversidade era um prenúncio de que algo diferente estava por acontecer.

Chegamos em Campos quase remando, pois São Pedro não deu trégua.

Entramos no parque de exposições e subimos para o auditório, onde aconteceria a palestra.

Mal sentamos e o palestrante foi anunciado. Subiu ao palco, então um homem de passos lentos e aparência muito simples. Os aplausos foram tímidos e os burburinhos não paravam. Mas em poucos minutos, o mineiro de voz cadenciada, foi silenciando a plateia.

Isso me fez lembrar do Congresso de Haia (Holanda), quando Rui Barbosa, com um discurso primoroso, silenciou a soberba e inquieta plateia do primeiro mundo. Ficou conhecido como o "Águia de Haia".

Professor Vidal nos falou durante um curso por dois dias e há mais de 30 anos procuro e não encontro uma palavra que defina o que aquele homem fez comigo. Só sei que naquele dia embarquei de vez na atividade leiteira. Ele deu o caminho das pedras. E depois de seguir seus conselhos me tornei até um ser humano melhor. Foi o dia em que a Terra parou.

Ao desembarcar em Macabuzinho, meu pai agradeceu ao dr. Sebastião e profetizou: 'O professor Vidal vai entrar para a história'. Não viveu para ver, mas acertou no alvo".

A intenção desta compilação de artigos que compõe o livro **Pensando o Leite** é auxiliar na formação do leitor. Para facilitar o entendimento, todo o material foi separado em três volumes de acordo com assuntos correlatos. Dentro de um mesmo tema ou capítulo, os textos foram dispostos seguindo uma ordem cronológica.

No volume I, CONCEITOS, são apresentados textos relacionados aos princípios e ideias básicas de produção de leite, à história do setor leiteiro no mundo e artigos ligados à educação, pesquisa e extensão.

No volume II, ECONOMIA, são apresentados os textos relacionados ao consumo e defesa do leite, economia, qualidade e recursos humanos.

No volume III, MANEJO, são apresentados textos relacionados a alimentos e suplementação volumosa, genética, índices zootécnicos, manejo, pastagem e recria.

Como pode ser constatado com a leitura dos artigos de qualquer um dos volumes, a intenção do professor Vidal Pedroso de Faria é destacar conceitos que devem fazer parte do conhecimento geral de toda e qualquer pessoa que atue ou pretende atuar profissionalmente no setor leiteiro, visando uma produção fundamentada em preceitos técnico-científicos com foco em resultados econômicos.

Boa leitura!

Artur Chinelato de Camargo

APRESENTAÇÃO

Mais que um professor, Vidal Pedroso de Faria é um pensador comprometido com a pecuária de leite no Brasil. Tal condição sempre foi notada pelos que o cercaram durante sua vida na ESALQ-Escola Superior de Agricultura "Luiz de Queiroz" ou fora dela, nos campos experimentais ou nas próprias fazendas, ao longo de mais de 40 anos. Para ele, nunca houve tema difícil ou tampouco fácil na mais complexa das atividades produtivas do agronegócio. Sempre alardeou que era preciso ensinar, mas também discutir, aprender, enfim, pensar o leite sempre.

Foi assim que fez sua carreira acadêmica e profissional. Tornou-se referência do setor leiteiro, quer formando técnicos, quer desenvolvendo tecnologias. Participou da criação e da implantação dos conceitos que cercam o sistema rotacionado de pastoreio intensivo de gramíneas forrageiras tropicais, por exemplo. Não só ensinou como fazer para alunos, técnicos e produtores, como pessoalmente, testou o potencial dessa forma diferente de se produzir leite. Devidamente consagrado, o sistema rotacionado é hoje um dos mais adotados pelos quatro cantos do Brasil.

Seu envolvimento com o setor leiteiro fez com que, de modo frequente, transferisse o conhecimento adquirido em cursos realizados em escolas do exterior, como Ohio State University, Michigan State University e Grassland Research Institute. Em cada etapa, conferia a validade do ensinamento abalizado de países desenvolvidos na atividade leiteira, de onde sempre convidava especialistas para falarem por aqui das experiências bem sucedidas no setor. Com isso, organizou, além de mais de 40 simpósios, uma série de visitas técnicas de produtores para outros países. Escreveu mais 250 artigos técnico-científicos, além de orientar dezenas de estudantes em curso de pós-graduação.

Ao longo da carreira recebeu diversas distinções e reconhecimentos. Emprestou também seu conhecimento para, assessorar empresas do setor lácteo, como a Itambé, Leite Paulista, Parmalat e Nestlé, e centros de pesquisa, como a Embrapa, atuando diretamente na implantação da unidade experimental de confinamento de gado de leite de Brasília-DF e no comitê assessor externo da Embrapa Gado de Leite de Juiz de Fora-MG. Na sua faculdade, coordenou por vários anos as ações de um programa de estágio para estudantes e ainda se dedicou como diretor da FEALQ-Fundação de Estudos Agrários "Luiz de Queiroz", uma fundação sem fins lucrativos, tornando mais fácil à vida dos professores e pesquisadores da ESALQ. Como reconhecimento, um centro experimental de gado de leite na escola recebeu o seu nome em 2015.

Com essa mesma disposição de transferir sabedoria e experiências, ocupou por mais de 22 anos a função de editorialista da revista Balde Branco. "Escreveu de tudo e sobre tudo que se refira a leite", disse o organizador desta publicação, Artur Chinelato de Camargo, após reler todo o acervo para definir o conteúdo de **Pensando o Leite**. Ele também se incumbiu da organização dos textos, separando-os por temas e distribuindo-os em três tomos. Em princípio, até pensou em uma única publicação, mas a atualidade, qualidade e a validade dos artigos não lhe permitiram descartar qualquer um deles.

A privilegiada capacidade do professor Vidal Pedroso de Faria de pensar o leite de modo pessoal, de forma sempre muito articulada e lógica, é o que dá sentido ao título desta obra. O leitor, ao ler qualquer um de seus artigos aqui incluído, não se deve constranger ao se sentir motivado a rever o que pensa. Isso pode ocorrer com qualquer capítulo: da história do leite no Brasil ao manejo adequado de rebanho leiteiro, ou da correta utilização de áreas de pastagem aos de conceitos de produtividade. Tem o efeito de aulas curtas e inteligentes, de quem pensa o leite e quer fazer pensar.

Nelson Rentero

NOTA DO AUTOR

Escrever editoriais não é uma tarefa muito fácil, principalmente quando a atividade se estende por mais de 20 anos. Identificar todo mês um assunto que possa interessar, informar ou alertar os produtores de leite pode parecer difícil quando não se considera a complexidade, a amplitude e as características específicas do setor leiteiro nacional. Assim, os temas apresentados dizem respeito a atividades técnicas, planejamento, extensão rural, hábitos e crendices do campo, problemas econômicos, gerenciamento das fazendas, análises e críticas sobre a falta de desenvolvimento e perspectivas de evolução, considerando o potencial produtivo. Constam também opiniões de técnicos, produtores e pessoas ligadas ao setor industrial, apreciação de estrangeiros que visitaram o país, artigos de revistas, programas de televisão e trabalhos técnicos científicos, enfim, fontes importantes de informação para inspiração e desenvolvimento dos temas apresentados.

Os textos que compõem os três volumes de **Pensando o Leite** sempre procuraram divulgar a importância do uso de tecnologia para melhoria da produtividade e lucratividade da pecuária leiteira. Deu-se ênfase à necessidade de se considerar a produção de leite como negócio e a importância de se calcular e interpretar corretamente índices de produtividade que possam indicar deficiências no uso dos recursos produtivos. Alguns fatos históricos foram analisados para revelar o que se consegue com mudanças na maneira de se conduzir a fazenda leiteira. Procurou-se, na realidade, apresentar, discutir e analisar temas de diferentes naturezas sob uma visão eminentemente técnica.

A compilação e o preparo do material para a publicação do livro **Pensando o Leite** foram realizados por Artur Chinelato de Camargo, que gentilmente se propôs a executar o trabalho, objetivando colocar à disposição dos produtores de leite uma visão conjunta do que foi apresentado durante mais de duas décadas pela revista Balde Branco. A ele devem ser creditados todos os méritos que a publicação possa ter e sua participação assume grande importância quando se considera seu trabalho e prestígio junto aos produtores de leite. Colaborou também de maneira decisiva o jornalista Nelson Rentero, na época editor da referida publicação.

O apoio da FAERJ-Federação da Agricultura, Pecuária e Pesca do Estado do Rio de Janeiro, por intermédio de seu presidente Rodolfo Tavares, e de Maurício Salles, supervisor do SENAR-RIO, viabilizaram a edição desta coletânea de artigos, que será distribuída a pessoas interessadas em pecuária leiteira. Terão assim a oportunidade de se inteirar de fatos curiosos, de problemas típicos de regiões atrasadas e de como obter sucesso na exploração de bovinos para a produção de leite.

Vidal Pedroso de Faria

SUMÁRIO

PENSANDO O LEITE - VOLUME I

CONCEITUAL

MOMENTO DE REFLEXÃO, HORA DE DECISÃO

REVISTA BALDE BRANCO - Nº 337 - NOVEMBRO DE 1992

Existem sinalizações claras de que algo deve ser mudado no setor leiteiro. A entrada do produto na economia de mercado, a confirmação do estabelecimento do MERCOSUL[1], o excesso de leite na entressafra, a crise econômica e a retração no consumo indicam que o setor deve meditar seriamente sobre o momento atual e futuro. Medidas em longo prazo devem ser procuradas, com o abandono de soluções imediatistas, que podem amenizar a crise, mas serão incapazes de garantir a estabilização da fazenda produtora.

Não é possível continuar recolhendo 10 litros de leite por quilômetro percorrido, produzindo leite de baixa qualidade e forçando as indústrias a trabalharem com ociosidade. As dificuldades não podem ser atribuídas somente ao fato de que os problemas apontados contribuem para a elevação do preço final dos produtos lácteos, mas também à realidade de que concorrem para perturbar o mercado. A concorrência do safrista é desleal e prejudica uma política de estabilização sobre bases sólidas. Não seria o momento oportuno para o estabelecimento do leite industrial, com preço condizente com a entrega irregular de leite quente, contaminado e produzido com custo 'zero'? Havendo reestruturação o produtor que entregar leite resfriado e investir em tecnologia, garantindo também quantidade e regularidade, deverá receber um reconhecimento, e assim planejamentos em longo prazo poderão ser estabelecidos.

Modernizar não significa investir em recursos não produtivos, como ocorreu na época do crédito subsidiado, mas sim introduzir no setor o conceito de profissionalização. Deve-se procurar sistemas que permitam rentabilidade e, portanto, perspectivas de resultados. Não seria esse o caminho para atrair investimentos e conseguir a captação de leite para o consumo, num percurso condizente com o transporte de um produto aquoso? Para a modificação da eficiência, as fazendas terão que adotar tecnologias capazes de alterar índices de produtividade. Será necessário evitar a adoção de falsas tecnologias que podem elevar custos e reduzir benefícios, distorcendo a proposta de modernização e profissionalização. O controle sistemático dos fatores de produção, a

1MERCOSUL (Mercado Comum do Sul) criado em 26 de março de 1991 sendo signatários Argentina, Brasil, Paraguai e Uruguai. Entrou em vigor a partir de 1º de janeiro de 1995. Atualmente a Venezuela também faz parte como membro pleno, sendo que Bolívia, Chile, Colômbia, Equador e Peru fazem parte do bloco como membros associados.

avaliação da atividade através de índices e a aceitação do conceito de que custo é um problema administrativo da fazenda, poderá criar novas perspectivas e condições para o surgimento de empresas produtoras de leite. Não seria essa a oportunidade de oferecer uma perspectiva condizente com as potencialidades de um setor que precisa entrar na onda da modernidade?

As limitações tecnológicas para o setor leiteiro poderão ser superadas com a difusão de conhecimentos bem caracterizados. Em qualquer país, região ou fazenda, a vaca leiteira tem que ser nutrida, apresentar reprodução regular e persistência de produção. Não existe complexidade na proposta de tecnificação, mas sim relutância em aceitar conceitos de que as exigências nutricionais e de sanidade são bases do processo produtivo. A carência de técnicos especializados, a procura de práticas baratas e milagrosas, o complexo de inferioridade com o clima e a existência de extratores de leite dificultam a tecnificação do setor.

Não seria esse o ponto exato para uma revisão nos programas de formação de técnicos e nos projetos de pesquisa, visando à estruturação de uma base tecnológica condizente com a necessidade futura?

A produção de leite só terá sentido se houver consumo. O brasileiro consome pouco porque o poder aquisitivo é baixo, porque o produto nem sempre é encontrado com facilidade, porque a qualidade nem sempre é boa, e também, porque não tem hábito. Em outros países é possível beber leite nos aviões, comprar na maioria dos restaurantes, nos postos de combustíveis, nos corredores das escolas e nos campos esportivos. Os produtores divulgam constantemente que o leite faz bem ao corpo, ao espírito e até ao sexo.

O momento é, sem dúvida, de reflexão sobre os rumos a serem seguidos, mas também, com toda certeza, chegou a hora de decisões importantes a serem tomadas por todos os envolvidos com a produção, a industrialização e a comercialização do leite.

EXPECTATIVAS E DESILUSÕES

REVISTA BALDE BRANCO - Nº 339 - JANEIRO DE 1993

É muito difícil encontrar uma atividade que traga ao fazendeiro tantas e tão diferentes expectativas quanto a produção de leite. Quando inicia a atividade, o produtor passa a ter certeza de que encontrou definitivamente uma opção bastante interessante. A captação de dinheiro, através de empréstimos especiais ao setor, permite o estabelecimento de uma bem montada fazenda leiteira. A possibilidade de receber mensalmente o valor da produção gera a esperança de um fluxo de caixa contínuo, suficiente para saldar dívidas, cobrir gastos e, quem sabe, obter resultado favorável no balancete mensal. A expectativa da venda de animais excedentes pode, ainda, gerar receitas adicionais importantes para a economia do processo.

A perspectiva de vender um alimento nobre, considerado insubstituível para o ser humano, e reconhecidamente produzido em pequena quantidade no país, dá ao produtor a tranquilidade de que o mercado será sempre favorável. A desilusão aparece quando a produção não acompanha a expectativa, ou quando uma cota pequena, estabelecida ao acaso, elimina todas as esperanças que, por serem feitas de sonhos, impediram a adoção de um planejamento de produção em bases sólidas e adequadas. O entusiasmo pode esconder a realidade e gerar falsas expectativas.

A liberação do preço do leite e os aumentos frequentes, observados num passado recente, criaram a esperança de dias melhores para o setor num futuro onde deve prevalecer a economia de mercado. A euforia estimulou a procura da tecnologia chamada moderna, de ponta, sofisticada e, às vezes, um tanto misteriosa. Investimentos foram feitos em construções, máquinas, equipamentos, culturas não convencionais e em rações balanceadas por processos complicados, contendo produtos que o fazendeiro nunca tinha usado, ou mesmo, ouvido falar. A expectativa de produções muito elevadas, de rebanhos valorizados e de atualização técnica permite ao fazendeiro sonhar que ficará na frente de todos os outros e que será reconhecido por seu pioneirismo.

A desilusão, fatalmente, aparece quando o produtor observa que os investimentos de vulto e a elevação nos custos de produção não foram acompanhados por produtividade e que os velhos e crônicos problemas financeiros permanecem na fazenda. A esperança esconde a realidade de que investimentos em recursos não produtivos são ilusórios e que falsas tecnologias são incapazes de competir com as velhas e bem estruturadas verdades. Alimentos de boa qualidade, reprodução regular, persistência de produção e, sobretudo, controle do processo produtivo são os fundamentos reais do estabelecimento da atividade em bases adequadas. A ilusão pode distorcer a realidade, gerando falsas expectativas, pois só existe tecnologia quando o resultado obtido permite uma relação favorável entre o custo e o benefício. Qualquer proposta de modificação só terá sentido se alterar pronunciadamente a economia do processo.

O produtor que usa racionalidade consegue sucesso, porque tem os pés no chão e consegue ver com clareza os problemas e as virtudes do setor. Em vez de sonhar, reconhece que, em condições de mercado instável, sujeito a variações sazonais, não basta a formação de uma boa cota, sendo também necessário o estabelecimento de produção estabilizada. Sabe que não existe milagre e, por isso, reconhece a importância do planejamento e do controle, usando para tanto conceitos realistas e bem fundamentados. Em vez de ir atrás de preços vantajosos oferecidos em épocas de escassez, procura fortalecer o cooperativismo, pois através dele é possível colher estabilidade na época das vacas magras. A ilusão do leite direto ao consumidor, da indústria caseira de laticínios e da procura do quem dá mais, tem eliminado da atividade muitos aventureiros que não se conformam com as 'injustiças' do mercado. A desilusão, criada por grandes e falsas expectativas, tem sido muito prejudicial à imagem do setor leiteiro.

Existem hoje produtores que, trabalhando corretamente, estão colhendo resultados, pois foram capazes de evitar expectativas irreais e as consequentes, certas e inevitáveis, desilusões.

QUANTO VALE A VACA DE LEITE?

REVISTA BALDE BRANCO - Nº 342 - ABRIL DE 1993

Essa pergunta é frequentemente feita pelo produtor a si mesmo e aos conhecidos que, como ele, labutam na atividade. A curiosidade pode ser atribuída ao fato de que, com o reaquecimento do setor leiteiro, uma venda bem feita poderia, talvez, solucionar algumas dificuldades da fazenda. Frequentemente ouve-se a proposição de que a atividade só é interessante porque a comercialização de animais, a preços elevados, é capaz de garantir a continuidade do setor. Com essa com concepção, o valor do rebanho pode se tornar o centro das atenções da fazenda leiteira e, por esse motivo, grandes desilusões ocorrem quando a oferta recebida não parece condizente com o valor idealizado. Na realidade, quanto vale um animal produtor de leite?

Na antiguidade, antes do estabelecimento do setor leiteiro como atividade econômica, os bovinos eram valorizados por motivos que nada tinham a ver com a produção de leite. Eram considerados como uma das mais valiosas possessões do homem, sendo utilizados como base de troca e negociações em sociedades onde o dinheiro era inexistente. Foram utilizados como dotes no estabelecimento de contratos de casamento e como base da economia de muitas comunidades primitivas. Na história do desenvolvimento dos países desenvolvidos, os bovinos eram fornecedores de trabalho, sebo e couro, usado para as mais diferentes finalidades domésticas e de trabalho, e por esse motivo, considerados muito valiosos. A produção de leite, apesar de presente desde o início da domesticação da vaca leiteira, era considerada secundária.

Nos dias atuais existem bovinos que possuem valor muito elevado em função das características morfológicas e do pedigree. Para esses animais o preço não é estipulado em função de sua capacidade de produzir leite ou de gerar filhos superiores, mas sim de um provável mérito de transmitir características favoráveis a seus descendentes, e de uma beleza física capaz de ganhar prêmios em exposições. O comércio de gado fino movimenta um volume considerável de dinheiro, sendo para alguns criadores uma atividade importante sob o ponto de vista econômico, mas é restrita aos criadores de elite.

Uma vaca arrematada por uma quantia correspondente a 80 mil litros de leite representa o valor de produção de um rebanho de 220 litros por dia, durante um ano. Obviamente, esse preço não foi pago em função da produção nem do mérito genético, já que a reprodutora tem que ser avaliada pelo que transmite aos filhos e não pelo que aparenta ser.

O produtor deve avaliar o animal em função de sua capacidade produtiva, e reconhecer que o mercado e a oportunidade determinam o valor real. Análises realizadas em fazendas produtoras mostraram que 80 a 90% da receita bruta são provenientes da venda de leite e, portanto, a vaca deve ser cotada em função de sua capacidade de produzir. Essa proposta não significa que a receita da venda de animais não deva ser procurada, incentivada ou promovida, já que o mercado pode, às vezes, trazer surpresas agradáveis. Vendas racionais e programadas são importantes para a economia do processo produtivo.

O valor a ser pago por um animal tem que ser estabelecido em função do retorno líquido do investimento feito na unidade produtora. Assim sendo, a receita e os custos devem ser analisados para a estimativa do preço. Dentro dessa proposição, tem sido sugerido que a vaca deva receber um preço pelo menos igual ao valor da receita gerada pela quantidade de leite produzida na lactação, visando, de início, a um retorno líquido de pelo menos 10%. Inúmeros fatores podem determinar a obtenção da relação entre custos e benefícios mais ou menos favoráveis, devido às características peculiares dos sistemas de produção.

Se a fazenda leiteira for encarada como uma empresa, as decisões a serem tomadas na hora da compra e da venda de animais podem ser avaliadas sob outro ponto de vista que não o da ilusão. Nessas condições, desaparecerá a esperança infundada de que, na venda de animais, está a solução das dificuldades enfrentadas por fazendas produtoras de leite.

NA ONDA DA MODERNIDADE

REVISTA BALDE BRANCO - Nº 346 - AGOSTO DE 1993

O ser humano tem sido capaz de realizar proezas admiráveis, utilizando a inteligência e engenhosidade para a obtenção de respostas às mais diferentes dificuldades por que passou durante o processo evolutivo. Quando aprendeu a entender, para então dominar os elementos da natureza, tornou-se apto a desenvolver tecnologia para transformar a atividade agrícola num instrumento indispensável à sobrevivência da raça humana, que abandonou o campo e se tornou urbana após a Revolução Industrial[2].

A difícil tarefa de produzir alimentos com poucas pessoas, só foi alcançada quando abandonou a arte de produzir e adotou conceitos científicos capazes de garantir alta produtividade, alimentos de melhor qualidade e rentabilidade suficiente para tornar a atividade atrativa. Tecnologia associada ao trabalho programado e administração racional oferecem ao agricultor perspectivas de sobrevivência para a condução de sua nobre missão.

Inúmeras regiões do mundo enfrentam problemas de produção de alimentos. Dificuldades estruturais levam a uma situação de alimentos caros, ruins e de baixa remuneração para os agricultores, numa época em que o conhecimento científico é inquestionável e rapidamente difundido em todo o mundo.

2Revolução Industrial - conjunto de mudanças que aconteceram na Europa nos séculos XVIII e XIX. A principal particularidade dessa revolução foi a substituição do trabalho artesanal pelo assalariado e com o uso de máquinas.

A situação do setor leiteiro no país, com índices muito baixos de produtividade e sérios problemas econômicos, é um reflexo da manutenção de conceitos medievais num mundo moderno e em constante transformação. Ignorância, resistência, falta de comunicação e incompetência são marcas registradas do subdesenvolvimento e responsáveis pelas dificuldades de se obter mudanças em qualquer setor da economia.

Apesar do panorama aparentemente sombrio e imutável com o correr dos anos, investimentos de vulto têm sido ultimamente alocados, tentando estabelecer novas propostas para a pecuária de leite do Brasil. Multiplicam-se estábulos para confinamento total, ampliam-se unidades para processamento de leite nas fazendas, crescem os rebanhos, aumentam o maquinário e os instrumentos de trabalho e amplia-se o comércio de gado especializado.

A euforia do momento parece centralizada na perspectiva de preços mais elevados para o leite e, por esse motivo, aspectos técnicos têm sido frequentemente relegados a um plano secundário. É preocupante observar projetos inadequados de instalações, índices baixos de produtividade, dificuldades de alimentação do rebanho, resultados negativos nos balancetes mensais e, finalmente, abandono da atividade. Tudo isso concorre para reverter a expectativa de modernização do setor agora e no futuro.

Sem o embasamento de modelos econômicos, a ilusão da venda direta do leite tem mostrado que nem sempre o produto é de fácil produção e comercialização, e que a concorrência pode dificultar a concretização do ideal sonhado devido aos investimentos elevados. A construção de estábulos sem conhecimento técnico pode revelar que o conforto, a saúde e a capacidade produtiva das vacas podem ser seriamente prejudicados no confinamento total. A incapacidade de produção de quantidades suficientes de alimentos volumosos de boa qualidade leva ao uso abusivo de concentrados, com consequências desastrosas para a saúde das vacas e para o resultado econômico do processo produtivo. A incapacidade administrativa pode gerar conflitos difíceis de serem solucionados antes do abandono da atividade.

Modernizar deveria, na realidade, significar a procura de tecnologia e tecnificar implica obrigatoriamente na utilização de conceitos estabelecidos por resultados gerados por trabalhos de experimentação científica. O conhecimento acumulado para o setor leiteiro é muito grande e a tecnologia disponível pode garantir resultados previsíveis. Por isso, não existe necessidade de cópias sem fundamento, de adaptações que podem gerar problemas e de improvisações sobre fatos estudados e conhecidos. Existe urgência no abandono da proposta do 'eu acho' pela consciência do 'eu sei', visando à racionalidade e à base estrutural para uma fazenda tecnificada e viável. Com o uso da tecnologia, o setor leiteiro do Brasil poderá entrar, finalmente, na onda da modernidade, e abrir, assim, novas perspectivas num país repleto de potencialidades.

A VERSÃO E O FATO

REVISTA BALDE BRANCO - Nº 349 - NOVEMBRO DE 1993

Brasil era o apelido de um rapaz grande, bonito, rico, simpático e inteligente, mas sem futuro nenhum. Brasil foi o nome dado ao lugar onde o Criador fora obrigado a colocar um povo para reparar a injustiça de pôr, num mesmo local, recursos naturais imensuráveis, clima ameno, ausência de terremotos e vulcões e grande extensão territorial. Brasil é, ainda hoje, sinônimo de um gigante agrícola, que precisa ser despertado em seu berço esplêndido para revelar o seu potencial. O espírito crítico e a piada inteligente fazem parte da cultura brasileira que, na realidade, aprendeu a admitir, reconhecer e aceitar o fato, para, em seguida, rejeitá-lo. Não seria essa uma das causas responsáveis pela existência de uma agricultura problemática num país de potencial imensurável?

Quando descobriram o Brasil, os portugueses ficaram impressionados com a sua potencialidade e informaram ao rei que a terra era tão promissora que em se plantando tudo nela dá.

Os colonizadores do norte paranaense ficaram maravilhados com a fertilidade das terras roxas, que encontraram ao desbravar a região cerca de 50 anos atrás. A conquista do cerrado a partir da década de 1960 abriu ao setor agrícola uma perspectiva nunca antes imaginada, de produzir soja e trigo num relevo favorável e solos receptivos à correção. A irrigação no Vale do Rio São Francisco mostrou, há pouco tempo, o caminho para a agricultura planejada, onde o homem, controlando a água, pode conseguir não só alta produtividade, mas também produtos de qualidade para concorrer no exigente mercado internacional.

Inúmeros exemplos, antigos ou recentes, indicam que o país tem uma vocação agrícola inquestionável, ainda não totalmente explorada, já que novas glebas podem ser, a qualquer momento, incorporadas ao setor produtivo. Conhecendo todo o potencial latente de solo, relevo, clima e recursos hídricos, o fazendeiro do Brasil que visita outros países fica surpreso ao verificar, para depois admitir, que na maioria das vezes, as condições em sua pátria são iguais ou melhores às encontradas no exterior. Produzir nas planícies geladas do hemisfério norte não é fácil, pois a drenagem é complicada e a semeadura restrita há um tempo muito curto. Cultivar desertos tórridos, vencer a salinidade, investir em transporte e armazenagem de água não é barato nem simples. Estabelecer agricultura em terras arenosas, pobres e sujeitas à erosão hídrica e eólica exige conhecimento e investimentos de vulto.

Custos altos de produção, preços nem sempre elevados e escassez de mão de obra são características do setor agropecuário do primeiro mundo, onde os produtores são obrigados a perseguir alta produtividade e eficiência para sobreviver no processo produtivo.

O que realmente espanta o brasileiro que visita fazendas no primeiro mundo é o profissionalismo com que o agricultor encara sua atividade. Dedicação exclusiva, participação direta na força de trabalho, uso de assistência técnica especializada, procura de resultados econômicos e, sobretudo, satisfação imensa com a sua atividade revelam um mundo desconhecido e chocante. O espírito comunitário, onde o interesse do grupo prevalece sempre sobre o individual, cria condições para o cooperativismo forte e estruturado, única maneira para quem trabalha duro, enfrentar o mercado e qualquer forma de competição mais acirrada.

O reconhecimento do problema, a análise criteriosa e a procura da melhor solução têm sido as alavancas propulsoras da agricultura dos países desenvolvidos. O desempenho da agricultura brasileira através dos tempos tem sido atribuído frequentemente ao governo, ao atravessador, ao preço, ao excesso ou à falta de chuva, ao solo, ao mercado, à mão de obra e até à falta de sorte. Assim, continuará prevalecendo para sempre a versão de que o setor agropecuário do Brasil é problemático, difícil e sem solução, mesmo considerando o fato de que o potencial é muito grande.

Essa visão distorcida impede, dificulta e atrasa a entrada do profissionalismo e da tecnificação na agricultura do país e, com tudo isso, o desempenho, a rentabilidade e o resultado continuarão no patamar do subdesenvolvimento.

A VERDADEIRA VACA DE LEITE

REVISTA BALDE BRANCO - Nº 353 - MARÇO DE 1994

A vaca leiteira é um animal preguiçoso, com apetite voraz, despendendo cerca de 25% do seu tempo em atividade de alimentação. O restante do tempo fica ruminando deitada, em pé, ou simplesmente parada, sem exercer ação física de vulto. O ambiente ideal é aquele que ofereça sombra e água fresca a todas as vacas, que não gostam de longas caminhadas, de pressa, de calor, de sol e de movimentação fora de hora. São bastante ativas ao amanhecer e ao entardecer, mas durante o dia são letárgicas. São também muito conservadoras, apreciando a rotina fixa, estabelecida, e procuram repetir sempre as mesmas atividades. Esse comportamento característico é um reflexo do processo evolutivo dos grandes ruminantes, que sendo vulneráveis ao ataque dos carnívoros, eram obrigados a colher rapidamente o alimento em campo aberto e passar o resto do dia ruminando à sombra, em local mais seguro.

Como consequência de sua associação íntima com o ser humano, a vaca leiteira abandonou o forte instinto maternal, característico da matriz de corte, podendo, então, dar leite sem a presença do bezerro. Desenvolveu, para viver próxima do homem, um temperamento dócil e amigável, deixando a agressividade e as reações instintivas para as vacas de raças de corte, que devem sobreviver e proteger a cria em áreas remotas e cheias de risco.

Foi selecionada para produzir leite, por períodos mais longos que os exigidos para a criação do bezerro, e, hoje, deve ser forçada a interromper a lactação, mesmo com ampliação do intervalo entre partos, porque ainda está produzindo muito leite dois meses antes da parição. Como consequência do longo período de lactação, possibilita a existência de 83 a 86% das matrizes em lactação nos rebanhos especializados.

Para dar grandes quantidades de leite, as vacas passaram por profundas modificações fisiológicas e documentos do início do século XIX chamavam a atenção para o tipo leiteiro, caracterizando a forma descarnada e angulosa das boas produtoras. No início da lactação, o metabolismo é todo dirigido no sentido da glândula mamária e os níveis de hormônios, principalmente somatotropina, são mais elevados nas vacas que produzem mais leite. A diferença fundamental do animal especializado é a sua capacidade de mobilizar nutrientes do corpo para a produção e, por isso, a condição corporal passa a ser importante na época do parto, para garantir produção e reprodução regular. O número de células secretoras de leite no úbere das vacas leiteiras é muito maior que nas selecionadas somente para criar o bezerro, mas tanto a formação do úbere como a secreção de leite só se desenvolvem se houver gestação.

A prenhez praticamente não interfere com o processo de secreção de leite, a não ser no terço final da gestação, mas o efeito é pequeno. Por esse motivo, a vaca deve entrar em reprodução de dois a três meses após o parto, objetivando explorar com máxima eficiência a produção de leite.

O trabalho de melhoramento genético, realizado desde a domesticação, possibilitou o desenvolvimento de úberes volumosos, bem posicionados no corpo, capazes de permitir a secreção de mais de cem litros de leite por dia, transformando a vaca numa máquina de produção.

A verdadeira vaca de leite é considerada o mais eficiente animal doméstico na conversão de nutrientes em alimento nobre para o homem. Proporciona retornos significativos aos investimentos feitos na atividade, se forem atendidas as necessidades básicas de conforto, saúde e nutrição, para que produza regularmente. Quando existe a tentativa de colocá-la em situações características de gado de corte, transforma-se, fica ineficiente e, sobretudo, passa a ser frágil, pequena, magra e de difícil manejo.

Nem todos os produtores de leite estão aptos a tirar proveito e explorar com sucesso a boa vaca leiteira, porque ignoram que se trata de um animal diferenciado e exigente. Por esse motivo, preferem sempre matrizes chamadas rústicas, que apresentam todas as características de uma vaca de corte, inclusive a necessidade do bezerro para garantir uma lactação pequena, curta e irregular. Nessas condições, fica difícil obter eficiência e promover mudanças estruturais na pecuária leiteira.

O CERTO E O ERRADO

REVISTA BALDE BRANCO - Nº 354 - ABRIL DE 1994

Muitas vezes, a interpretação dos fatos leva à conclusão errada porque a observação, a percepção dos acontecimentos ou a dedução aparentemente lógica, conduz o raciocínio para um determinado caminho que leva ao estabelecimento do falso como verdadeiro.

Esses acontecimentos foram comuns no final do século XIX, criando normas ou regras que foram posteriormente desmistificadas pela investigação científica. Ainda hoje, nas regiões onde a ciência não é aplicada, existem muitas 'verdades' apoiadas na simples verificação do que acontece na natureza, ou na capacidade de certas pessoas de observar corretamente, de perceber com nitidez os detalhes de certas ocorrências, mas de concluir erradamente na hora da interpretação. Tudo isso acontece porque na análise não são utilizados conhecimentos técnicos para a explicação dos fatos ocorridos.

A teoria da aclimação, lançada no início do século XX, admitia que bovinos de origem europeia não conseguiriam se adaptar ao clima tropical, devido ao calor e a outros elementos do meio, que impedem a exploração de animais com maior capacidade produtiva. A comprovação era fácil de ser obtida, pois a simples substituição do animal rústico e adaptado, pelo gado especializado levava a resultados desastrosos. Perda de produção, crescimento retardado, deficiências na reprodução e baixa resistência a enfermidades e ectoparasitas eram os fatos que suportavam a teoria. Por ser simples de ser entendida e de certa maneira comprovada, a aclimação passou a ser considerada um verdadeiro dogma para os pecuaristas, apesar de existirem observações que poderiam contradizer a proposição.

Gado gordo no verão, maior produção na época quente e eliminação do efeito deletério do meio tropical, através de nutrição e sanidade, não foram argumentos suficientes para erradicar a teoria, que ainda permanece arraigada no meio rural brasileiro.

Trabalhos de pesquisa, conduzidos em áreas tropicais por cientistas renomados de países evoluídos, levaram à conclusão de que qualquer bovino especializado pode ser criado com sucesso, se for possível contar com pessoal especializado, alimentos de bom valor nutritivo e atendimento veterinário competente.

A tendência de exploração extrativa de pastos em terras pobres é um dos fatores responsáveis não só pela teoria da aclimação como também por outro erro interpretativo muito comum, de que todo sistema baseado no pasto é extensivo.

Nas pastagens utilizadas em sistemas não tecnificados, a lotação é baixa, a estacionalidade de produção de forragem um grave problema, a degradação dos pastos uma questão de tempo e a baixa produtividade uma certeza. O empobrecimento lento, mas gradativo do solo pela exportação de nutrientes, promove com o tempo o aparecimento de regiões empobrecidas, que tiveram no passado prestígio e destaque na produção de leite. Os pastos ralos, sem muita vegetação aproveitável para o gado, ficam sujeitos à erosão, que acelera a perda de fertilidade e concorre para o assoreamento dos cursos de água. Assim sendo, aparece a ideia generalizada de que somente os sistemas de confinamento, hoje, em grande evidência no país, poderiam ser considerados como intensificados, possibilitando a obtenção de índices significativos na exploração leiteira.

Na realidade, o conceito de intensificação também é distorcido, porque intensificar significa explorar com máxima eficiência os recursos existentes em um determinado sistema de produção. Sabe-se, há muito tempo, que os pastos tropicais podem ser explorados intensivamente, com altas lotações por área e gado especializado, visando sistemas nos quais os custos de produção podem ser compatíveis com os preços mais baixos pagos pelo leite. Esses sistemas, tecnicamente viáveis, permitem obter de 15.000 a 20.000 litros de leite por hectare por ano, porque exploram com racionalidade a grande capacidade das forragens de clima tropical. É fato bastante conhecido, no mundo todo, que o pasto se constitui na forma mais econômica e racional de usar o solo para a produção de leite. Assim sendo, uma nova perspectiva pode surgir para o pecuarista que utilizar o conceito certo para eliminar o errado das fazendas brasileiras.

O LEITE PURO E FRESCO DA FAZENDA

REVISTA BALDE BRANCO - Nº 357 - JULHO DE 1994

A maior parte das pessoas não entende muito de nutrição. Em razão disso, tornam-se bastante influenciáveis por forças culturais ou fatores como tradição ou mera suposição, sem nenhuma fundamentação científica. Um exemplo disso são os conceitos relacionados com o uso do leite, cujo conteúdo torna-os difíceis de serem justificados no final do século XX, caracterizado por grandes avanços tecnológicos.

Veja que a associação da manga com leite continua sendo considerada perigosa para a saúde, apesar de muitos saberem que tal argumento reporta à época da escravidão, quando era usado para gerar economia no consumo do alimento, um produto escasso nos engenhos de açúcar do período colonial. É comum ainda ouvir que o leite é para ser consumido por recém-nascidos e, por isso, pouco aproveitado pelos adultos, apesar das evidências de que é um alimento insubstituível para os idosos. E mais: que a fervura do leite, hábito antigo e arraigado, é considerada imprescindível para tornar o alimento mais assimilável, apesar de se saber que o aquecimento excessivo promove alterações nas frações protéicas e vitamínicas, com perda de valor nutritivo.

O apelo emocional para consumo de leite cru, puro e fresquinho atrai o habitante da cidade, que imagina estar adquirindo um alimento de melhor qualidade. É surpreendente saber que famílias de bom nível socioeconômico admitam publicamente a adoção de uma prática considerada perigosa já no final do século XIX, quando a pasteurização foi instituída para eliminar microrganismos patogênicos e conservar melhor um produto perecível. É preocupante ouvir médicos recomendarem o leite cru, justificando que o pasteurizado perde valor nutritivo, ou, então, sugerirem a fervura do leite pasteurizado para melhoria da qualidade, quando o inverso das duas proposições é o verdadeiro. É difícil aceitar, numa época de grandes apelos ecológicos, a colocação do leite cru como um alimento natural, puro e insubstituível, quando na realidade o produto comercializado nas ruas pode ser contaminado e adulterado.

O grande consumo de leite não pasteurizado nas pequenas, médias e grandes cidades do Brasil não é um fato novo. Levantamentos realizados na década de 1950 na cidade do Rio de Janeiro, então capital da República, indicaram que de 15 a 20% do leite era comercializado cru, frequentemente fraudado, adquirido de vendedores ambulantes com carrocinhas, em bares e mercearias.

Esses fatos indicam que a desinformação ainda continua alta e que os consumidores são pouco exigentes em qualidade. A adulteração do leite por pessoas inescrupulosas é prática muito antiga e foi fator determinante para a adoção de métodos rápidos de análise do produto que chega ao laticínio, visando caracterizar a contaminação bacteriana ou a adição de água e produtos químicos.

No final do século XIX, o consumidor dos países hoje considerados desenvolvidos enfrentavam sérios problemas com a qualidade do leite, que era vendido cru, às vezes, adulterado e contaminado por ordenha mal feita e transporte em vasilhames não refrigerados. O problema era tão sério, que a cidade de Boston (EUA) estabeleceu leis severas contra a adulteração em 1850; em seguida, 25 anos depois, os britânicos criaram os primeiros regulamentos para a comercialização do leite, visando à saúde pública.

Talvez falte no país uma campanha de esclarecimento dos riscos e problemas do leite cru, produzido sem nenhum critério de higiene, por vacas de saúde desconhecida. A adição de água limpa é prática que se perde no tempo e engana quem compra uma quantidade menor de princípios nutritivos. Quando suja, pode ser veículo de bactérias que deterioram o leite e promovem infecções intestinais. A adição de antibióticos e conservantes químicos, com objetivo de garantir falsa qualidade, não deixando o produto azedar, já foi detectada inúmeras vezes no leite vendido nas ruas. Essas práticas, consideradas muito perigosas para a saúde humana, podem ser detectadas pelas donas de casa, quando não conseguem produzir coalhada com o leite adquirido. As mães brasileiras talvez não tenham conhecimento de que o leite contaminado é jogado fora nos países desenvolvidos, pois não pode ser usado nem para a alimentação dos animais domésticos.

A POBRE VACA DE LEITE DO BRASIL

REVISTA BALDE BRANCO - Nº 360 - OUTUBRO DE 1994

Estimativas atuais indicam que a vaca média contribui para o total de leite produzido no país com uma quantidade não muito diferente daquela observada nos primeiros dias de 1900. Pode parecer surpreendente que durante um período de quase 100 anos, a produção da pobre vaca brasileira nunca tenha ultrapassado dois e qualquer coisa kg de leite por dia e que, por isso, o rebanho nacional teve que ser aumentado em mais de 20 milhões de matrizes, que tentam, hoje, e mal conseguem garantir um copo para cada brasileiro vivo.

Muitos duvidam da veracidade dos dados, justificando a existência de estatísticas falhas, e a impossibilidade de se conhecer o imenso e complicado segmento do chamado leite informal. Entretanto, qualquer coeficiente de correção, por maior que seja, ainda colocaria a vaca brasileira no nível da também pobre produtora do mundo subdesenvolvido. Alguns argumentam que as médias podem dar uma falsa visão da realidade, pois, escondem o segmento que avança, se atualiza e procura mostrar um perfil de sistema desenvolvido.

Será que nichos de produtividade, grandes unidades produtoras, aumento no número de sistemas de confinamento, adoção crescente de pastos intensificados e outras tecnologias serão realmente capazes de mudar o 'status' da vaca brasileira no início do século XXI que se aproxima? Tudo indica que dificilmente a vaca média do início do ano 2000 poderá contribuir para a produção nacional com uma quantidade de leite pelo menos igual aquela de uma boa vaca de corte, que oferece por ano 1.000 ou 1.200 kg para criar o bezerro. Não é pelo fato de que ela não tenha capacidade de produzir 3,0 ou 3,5 kg de leite por dia, mas sim pela incapacidade de compensar a ineficiência de suas parceiras mantidas em sistemas rudimentares de produção.

A metodologia universal de análise da vaca média divide o leite produzido no ano pelo número total de matrizes existentes no país, de maneira semelhante à sistemática do controle leiteiro do mundo desenvolvido, que publica sempre a média por vaca do rebanho e não em lactação. Assim, falhas reprodutivas, curtos períodos de lactação, fome crônica, doenças, parasitos e pequena capacidade produtiva dos animais não especializados para a função acabam nivelando por baixo, e colocam a vaca brasileira num patamar do qual não consegue sair.

Com a situação estabelecida, a verdadeira vaca de leite não encontra condições para revelar sua capacidade. Visitantes que chegam ao país ficam surpresos não só com as potencialidades do clima e do solo, mas também com a qualidade de uma parte do rebanho brasileiro, e voltam para casa com a convicção de que o Brasil teria condições de mostrar ao mundo uma pecuária de leite de qualidade, se o rebanho pudesse ser uniformizado por cima. Não se sabe ao certo, mas é bem provável que mais de 90% das vacas incluídas nas estatísticas brasileiras não poderiam ser jamais ordenhadas em países de pecuária evoluída, porque não seriam consideradas leiteiras.

Estimativas sugerem que 80% ou mais do leite, talvez seja proveniente de fazendas que não usam tecnologia, não conseguem regularizar a produção, e geram volumes e qualidades que não poderiam ser aproveitados, por questões econômicas e sociais, em qualquer local de setor leiteiro estruturado. Na realidade, a existência de um rebanho com um volume considerável de leite no segmento de baixíssima produtividade, impedirá a expressão de qualquer movimento no sentido contrário, e, assim sendo, os índices que avaliam o setor leiteiro do Brasil continuarão estagnados.

Apesar de tudo o que se sabe e se espera, a vaca média será sempre o retrato de um setor desorganizado, com características típicas de sistemas meramente extrativos, apresentando um número imenso de fazendas de pequena produção, encontradas somente no chamado mundo em desenvolvimento. Por tudo isso, a pobre vaca brasileira vai continuar fazendo parte do rebanho que, perfazendo cerca de 58% do total de animais, é capaz de produzir somente 24% do leite coletado em todo o mundo. Mudanças somente ocorrerão quando um esforço nacional for dirigido no sentido de alterar a estrutura produtiva do país, garantindo aos verdadeiros produtores, a possibilidade de porem em evidência as suas vacas de leite.

RECEITA PARA PRODUZIR LEITE

REVISTA BALDE BRANCO - Nº 362 - DEZEMBRO DE 1994

Nos últimos anos, tem havido grandes modificações em alguns setores da pecuária leiteira do Brasil. Pode-se identificar, com relativa facilidade, fazendas que fizeram importação de gado e equipamentos, adotaram confinamento total e introduziram sistemas computadorizados de ordenha e controle de rebanho. A valorização da vaca de produção elevada é evidente e lactações encerradas são usadas para promover criadores, caracterizar fazendas chamadas modernas e estimular coleta e transferência de embriões. Com tudo isso, tem-se a impressão de que está ocorrendo no país a introdução de modelos estrangeiros de produção de leite, com importação de conceitos estabelecidos para outras regiões.

Discussões acaloradas pró e contra já foram estabelecidas, e existem fazendeiros, técnicos e, até mesmo, trabalhadores rurais afirmando categoricamente que só o confinamento é válido e tem sentido. Nos questionamentos é inevitável o aparecimento do pasto como elemento de discórdia, já que alguns defensores tecem elogios, ao passo que outros consideram como tecnologia velha, ultrapassada ou que não dá certo por já ter sido testada sem sucesso. Publicações especializadas, técnicos do setor, criadores de projeção e até vendedores de insumos consideram o confinamento como sistema intensivo, moderno, e o pasto como recurso para fazendas não tecnificadas.

Por outro lado, é fato reconhecido em todo mundo que o pasto conduzido racionalmente traz resultados surpreendentes e possibilita custos muito baixos de alimentação. Trabalhos conduzidos na Europa mostraram a possibilidade de se obter, com pastejo de azevém, picos de 30 kg de leite e lactações potenciais de quase 5.000 kg, sem uso de alimentos concentrados. No Brasil, pastagens suplementadas com concentrado permitiram durante o longo verão agrostológico, médias de curral de 20 kg de leite com vacas de boa persistência, e picos de até 39 kg com reprodução regular, condição corporal adequada e custo de alimentação médio por vaca por dia de somente R$ 1,87[3]. Ao que tudo indica os sistemas de pasto também são bons, e o que está faltando para resultados significativos é conhecimento e competência.

O que parece ocorrer no país, no momento, é a falta de entendimento de que não existe uma maneira única de tirar leite. Qualquer sistema é válido

3Cotação do dólar em 02.12.1994 igual a R$ 0,8570.

desde que a tecnologia empregada seja adequada às condições locais e permita rentabilidade. O que é sempre importante é atrelar o custo ao ganho e, por isso, sistemas de confinamento são usados onde receitas elevadas com a venda de leite e animais são viáveis. Assim, não existe a possibilidade de simplesmente copiar e ter sucesso, pois mão de obra, clima, solo, administração e comercialização são muito diferentes de local para local. Tecnologia não tem pátria, e sua aplicação pode ser feita onde existir condição adequada. Não é possível também caracterizar sistema moderno ou antigo, melhor ou pior, mas sim os que são viáveis e compatíveis com as fazendas produtoras de leite.

A análise do que ocorre no mundo pode revelar que não existe fórmula mágica para produzir leite. Sucesso ou insucesso são possíveis em confinamentos, sistemas de pasto ou mistos. Por exemplo, dentro do imenso território americano podem ser encontrados fazendeiros que tiveram que sair da atividade usando gado confinado, ao passo que outros estão procurando usar o pasto, não porque seja melhor, mas simplesmente porque seria a única maneira de operar quando a escala de produção da fazenda é pequena. Sistemas baseados em pastagens podem ser hoje encontrados nos Estados Unidos, onde o preço do leite pago ao produtor é de US$ 0.20 por kg. Por outro lado, está aumentando o número de grandes confinamentos na região oeste dos Estados Unidos, onde escala, eficiência, gerenciamento e profissionalismo permitem resultados espetaculares, com margens apertadas.

Ninguém discute a origem ou a validade das tecnologias usadas, mas sim o resultado alcançado pelo fazendeiro. Uma receita de bolo passada nem sempre é garantia de sucesso, pois se torna necessário saber misturar e escolher os ingredientes. De maneira semelhante, não é possível criar uma receita, ou definir um modelo ideal de produção de leite para as condições brasileiras.

QUEM SABE O MILAGRE

REVISTA BALDE BRANCO - Nº 363 - JANEIRO DE 1995

Todas as análises sobre a pecuária dos países considerados pouco desenvolvidos indicam que os fazendeiros utilizam sistemas extrativistas, incapazes de possibilitar condições adequadas para a exploração racional de vacas leiteiras. A incapacidade de absorver e usar conceitos científicos mantém a pecuária leiteira num patamar considerado por todos como problemático, apesar de existir um volume muito grande de conhecimento técnico, suficiente para oferecer soluções e promover mudanças substanciais na produtividade e na economia dos sistemas produtivos. As fazendas podem desenvolver atividades racionais usando tecnologia perfeitamente adaptada às condições edáficas, climáticas, econômicas e sociais, e todas podem gerar resultados compensadores.

As barreiras para a difusão e o uso de tecnologia no meio rural dos países em desenvolvimento não são diferentes daquelas observadas nos desenvolvidos, quando a atividade tentava sair do estado da arte para o da ciência. A falta de cultura leva o homem rural a procurar na tentativa e no erro os caminhos para a solução dos problemas, que só existem por não serem devidamente equacionados. A procura de soluções baratas para um agricultor empobrecido pela incapacidade de produzir leva à tentativa de geração de práticas especiais, na ilusão de que os princípios da nutrição, saúde e genética talvez sejam diferentes para as condições do terceiro mundo. A procura constante de atividades que permitam melhorar um pouco a situação não contribui para modificar o panorama da baixa eficiência e produtividade.

Nas regiões de pecuária atrasada, existem sempre fazendas 'modelo', onde a falsa tecnologia, proposta por investimentos de vulto em recursos não produtivos, mascara índices de produtividade difíceis de serem aceitos e justificados. A distorção leva à concepção de que tecnologia está associada à riqueza, a prejuízos operacionais e à incapacidade de recuperação de investimentos. Calor, chuvas estacionais, veranicos, solos de baixa fertilidade, relevo acidentado, preço do leite, governo, subsídios em outros países, mão de obra, preço dos insumos e todos os outros problemas detectáveis são usados como argumentos para impedir o uso de tecnologia, como se fossem todos exclusivos do subdesenvolvimento.

A dificuldade real para a tecnificação da pecuária de leite existe porque o produtor desenvolve padrões baseados em sistemas rudimentares e não acredita ser possível mudar o que foi estabelecido. O segmento mais resistente é aquele que aprendeu errado e, por isso, se apega à experiência acumulada, criando modelos específicos e bem sedimentados. Como acreditar em roças de milho produzindo 50 a 60 t/ha, se a experiência vivida com o uso inadequado de fertilizantes, sementes e defensivos raramente possibilitou colheitas acima de 20 t/ha?

Como aceitar propostas inovadoras se os programas de televisão, os jornais, as revistas e as fazendas mostradas nunca apresentam nada semelhante?

Como modernizar a fazenda se a falta de crédito e a descapitalização impossibilitam reservas para investimentos em recursos produtivos?

Como pensar em economicidade se os modelos reais e teóricos aparentemente tecnificados, dizem exatamente o contrário?

O que realmente surpreende no setor leiteiro do país é descobrir que propostas irreais, difíceis ou impossíveis de serem justificadas pela técnica, são aceitas com facilidade, experimentadas com rapidez e difundidas prontamente. Capins milagrosos, aditivos fantásticos, alimentos não convencionais, formulações complexas, máquinas de última geração e tantas outras concepções lançadas no mercado são incorporadas à rotina das fazendas, porque o desconhecido não pode ser comparado com o padrão existente, e, no novo, pode estar a solução de todos os problemas.

A atitude de experimentar para ver no que dá é típica na concepção do subdesenvolvimento, onde a técnica é sempre substituída pela esperança do milagre, capaz de garantir, quem sabe, uma grande produção de leite por um custo infinitamente mais baixo, sem esforço, planejamento ou administração eficiente dos recursos produtivos.

BOM, RUIM, MELHOR E O PIOR

REVISTA BALDE BRANCO - Nº 375 - JANEIRO DE 1996

Certa vez, um fazendeiro novo, de origem urbana, comprou um lote de vacas de um velho e experimentado homem do campo. O negócio foi fechado à beira da estrada, depois que a pergunta sobre a qualidade dos animais foi enfaticamente respondida: *"prá mim são bão"*. Pouco tempo depois, o homem da cidade viu chegar em seu curral um bando de vacas magras, sem potencial leiteiro e, imediatamente, foi procurar o vizinho para pedir explicações. Ouviu então, que não fora enganado, pois pedira a opinião de quem tinha certeza de que seus animais eram melhores que os da região.

Desafiado a ver a realidade, o executivo urbano entendeu que no meio rural bom, ruim, melhor e pior são avaliações relativas que não permitem um julgamento concreto. Nas regiões de pecuária pouco evoluída, existe tendência de definir o bom e o melhor em relação ao ruim e ao pior, criando assim conceitos que impedem evolução e adoção de tecnologia, porque existirá sempre a sensação e, o que é mais grave, a certeza de que o ruim é bom porque existe o péssimo.

Usar porcentagem para caracterizar superioridade ou melhoria é outra maneira usual de criar falsa expectativa, já que ganhos relativos podem ser elevados, quando os valores absolutos são insignificantes. Se a base tomada para a estimativa do índice for o péssimo, o ruim pode indicar uma evolução muito grande. Por esse motivo, caracterizar benefícios do uso de determinadas técnicas, aumento de produtividade ou evolução do setor através de porcentagens pode conduzir a erros de interpretação e a propostas esdrúxulas, sem nenhum significado. Um exemplo característico e fácil de ser entendido é a procura do equilíbrio na disponibilidade de forragem nos pastos durante o ano, uma aspiração difícil, considerando o conhecimento dos fatores responsáveis pela estacionalidade de produção. Entretanto, a melhoria aparente da distribuição pode ser conseguida por práticas capazes de elevar a contribuição relativa, mas não o valor absoluto da produção da época crítica. Qualquer medida que diminua a produção de verão leva a um equilíbrio aparente, que irá provocar uma redução significativa na capacidade de suporte dos pastos, no potencial da fazenda e nos resultados de exploração leiteira.

O que falta no mundo em desenvolvimento é o conceito de que as comparações devem ser realizadas considerando um potencial definido para a vaca, o rebanho e o solo. A caracterização dos padrões elevados, obtidos através do uso racional dos recursos produtivos, seria de grande valia para mostrar que o bom pode ser péssimo, que a relação custo benefício das falsas tecnologias não é favorável, e que fazendas de projeção podem ser ruins.

A impossibilidade de enxergar o que deveria ser, leva o produtor, o técnico e o analista econômico a olharem para baixo e, muitas vezes, ficarem impressionados com a retórica de fazendeiros pouco eficientes. Por isso, fica difícil conseguir mudanças, propor tecnologias, pensar em produtividade e entender resultados de fazendas que só conseguem projeção num meio onde prevalecem valores tomados em relação a uma posição de inferioridade. Com toda certeza, a situação seria muito diferente se os fatos fossem analisados nas regiões desenvolvidas, onde o sucesso aparente poderia virar fracasso, pois o ponto de referência seria outro.

Os problemas conceituais para avaliação são também agravados pela incapacidade de se entender o significado de sistema de produção, que reflete a utilização adequada dos recursos produtivos da fazenda. Por isso, surgem críticas a resultados, porque, novamente, na análise, o relativo é considerado e não a capacidade produtiva de cada exploração. A tendência de comparações, sem a adoção de índices diferenciados para cada sistema, leva sempre a fatos distorcidos estéreis e tomadas de posições erradas. Substituir o relativo pelo mensurável, caracterizar o potencial instalado em cada fazenda, propor técnicas que alterem a eficiência da atividade leiteira são caminhos a serem descobertos num país que precisa modificar propostas de produção e criar mecanismos para caracterizar acertadamente o bom, o ruim, o melhor e o pior.

PROPOSTA INTERESSANTE, RESULTADO DESCONHECIDO

REVISTA BALDE BRANCO - Nº 377 - MARÇO DE 1996

Descobrir em publicações antigas descrições de fazendas leiteiras que adotaram conceitos e práticas consideradas evoluídas desperta curiosidade, traz surpresas e possibilita análises interessantes. Quando a matéria apresenta fotos e dados, torna-se possível visualizar as propostas descritas, estimar índices de produtividade e entender algumas das expectativas vividas pelos fazendeiros de outras épocas. Ler nas revistas e suplementos agrícolas de hoje, as características de propriedades rurais consideradas diferentes e, por isso, motivo de divulgação jornalística, provoca também interesse, pois o objetivo da publicação não mudou com o tempo. Com o aparecimento dos programas rurais na televisão, a apresentação dos temas ganhou vida, movimentação, e o aspecto visual passou a ser mais importante que as descrições pormenorizadas das matérias escritas, mas os propósitos continuam os mesmos.

Uma proposta diferente pode ser atraente, bem aceita pela mídia e por produtores que estão sempre dispostos a experimentar coisas novas para solucionar problemas crônicos ou melhorar a atividade leiteira. Por isso, são sempre apresentadas reportagens sobre fazendas que estão fora dos padrões da época. Os temas enfocados são de diferentes naturezas, mas todos tratam de novidades aparentes, já que o cotidiano e o corriqueiro não apresentam o mesmo apelo para a promoção. Num país onde o setor produtivo usa de maneira muito limitada conceitos tecnológicos universais, as ideias novas são sempre estimulantes.

Não existe possibilidade de se saber quantas fazendas já foram motivo de reportagens nos diferentes órgãos de divulgação, mas certamente, um número muito restrito foi acompanhado para publicação posterior dos resultados obtidos. As ideias são sempre minuciosamente apresentadas, mas o desenrolar das ações, os problemas, as dificuldades, as virtudes, os defeitos e o final são sempre desconhecidos. Não existe preocupação, cobrança ou interesse em analisar ou divulgar o que aconteceu com o passar do tempo. Com isso, a tentativa de introdução de 'novas tecnologias' perde sentido, já que propostas fora de base, irreais ou erradas recebem tratamento igual às fundamentadas, realistas e exequíveis. As reportagens deixam então de ser instrumentos educacionais e contribuem para o descrédito da verdadeira tecnologia como instrumento para modernização do setor leiteiro, pois os casos de sucesso são também desconhecidos. Com isso, fica difícil realizar a separação do joio do trigo.

É comum verificar nos órgãos de divulgação da atualidade propostas consideradas inovadoras, mas que foram usadas num passado distante, receberam divulgação, mas não foram acompanhadas. A nova apresentação pode levar muitos fazendeiros a experimentar algo que já havia sido testado. Muitas vezes, a ideia é reapresentada como a solução para os complexos problemas dos diferentes sistemas de produção, que por algum motivo desconhecido, foi abandonada pelos produtores que a adotaram anteriormente. Um exemplo característico de proposta que sempre volta aos órgãos de divulgação é a do processamento e comercialização direta de leite pela fazenda. A ideia é velha, e inúmeras tentativas falharam porque as variáveis envolvidas na atividade são difíceis de serem equacionadas e nunca foram devidamente analisadas em reportagens sequenciais.

Poucos sabem que, em 1925, foi realizada uma tentativa de confinamento total de vacas Holandesas em uma fazenda com pasteurizador, fábrica de manteiga, tecnologia moderna e mercado consumidor próximo e grande. As descrições e fotos publicadas pelo Almanak Agrícola Brasileiro apresentavam o que foi chamado de modelo para fins econômicos e algo digno de ser visto e conhecido na época. O que ocorreu naquela e em inúmeras outras fazendas que fizeram investimentos de vulto em projetos grandes e aparentemente tecnificados seria mais importante para divulgação que a expectativa de sucesso, que nunca aconteceu.

O resultado, positivo ou negativo, de uma fazenda que se propõe a adotar uma ideia nova e interessante pode ter grande valor educativo e contribuir decisivamente para a modernização do setor leiteiro do nosso país.

SOBREVIVÊNICA DO TIRADOR DE LEITE

REVISTA BALDE BRANCO - Nº 378 - ABRIL DE 1996

Quem visita a fazenda da família Vanslyke no Estado de Nova York, Estados Unidos, fica logo sabendo que os proprietários atuais representam a sexta geração de leiteiros, pois a atividade foi iniciada em 1832. Inúmeras fazendas centenárias podem ser encontradas no mundo desenvolvido, onde existe tendência bem definida de diminuição no número de produtores com o correr dos anos. Por exemplo, na década de 1950, existiam nos Estados Unidas mais de 5.000.000 de fornecedores de leite, e hoje, o número está próximo de 100.000.

As razões do abandono tem sido estudadas e são várias, mas a grande maioria parou porque a atividade deixou de ser interessante sob o ponto de vista econômico. Alguns abandonaram o leite porque não conseguiram, não puderam ou não quiseram se ajustar aos problemas das diferentes épocas. Às vezes, as forças de mercado promoviam alterações bruscas nos preços do produto e dos insumos. Em algumas ocasiões foi difícil atender às exigências de leite de melhor qualidade, pago em função da composição e não do volume, o que requeria, além de investimentos, também conceitos corretos de manejo do rebanho. Custos elevados, escala reduzida, incapacidade administrativa e baixa eficiência foram problemas sérios para os fazendeiros que se dedicavam à produção de leite.

A fazenda que iniciou a produção no século XIX venceu os desafios, teve de mudar o sistema de produção e se adaptar às pressões do mercado, à redução da mão de obra e investir em máquinas, equipamentos e construções. Como os custos foram elevados pelo confinamento, houve necessidade de ampliação da receita através da maior produção da vaca e do rebanho. Por isso, a fazenda visitada da família Vanslyke estava produzindo mais de 21.000 litros por dia, ordenhados de 525 matrizes, com média de 12.000 kg de leite com

3,85% de gordura e 3,10% de proteína por vaca do rebanho em 1995. A força de trabalho fixa de dez homens executava quatro ordenhas diárias e cultivava 364 hectares para a produção de alimento para o gado. Essa estrutura permitiu manter somente o leite na propriedade e garantiu um resultado melhor que com qualquer outra atividade agrícola. Com isso, foi possível o aparecimento e a manutenção de produtores profissionais, sendo que os simples tiradores de leite desapareceram.

No Brasil parece não existir uma preocupação maior com relação à sobrevivência das fazendas leiteiras, pois não existem grandes estudos analíticos das causas do abandono. A crença generalizada de que o preço do leite é o fator responsável simplifica um problema complexo e promove falta de interesse pelas razões que levaram alguns a continuar na atividade. O aumento constante no número de fornecedores de leite talvez seja outra causa do desinteresse pelo destino do produtor. A marcha do leite para as regiões Oeste e Norte, o aparecimento de novas linhas de coleta em regiões sem nenhuma tradição leiteira e a legislação do leite tipo C possibilitam a qualquer momento, de qualquer maneira, sem nenhuma exigência ou critério, o aparecimento de novos fornecedores.

O modelo adotado no país difere do observado nas regiões de pecuária evoluída, pois o setor fica cada vez mais pulverizado e distante dos centros de consumo, exigindo, então, investimentos adicionais. O crescimento horizontal encarece o transporte, prejudica a qualidade do produto, dificulta programas de reestruturação e, o que é mais grave, interfere com a atividade dos produtores tradicionais, que foram obrigados a enfrentar, ao longo do tempo, dificuldades e crises.

A sobrevivência desse segmento produtivo indiscutivelmente estará na dependência do fortalecimento e da oficialização dos programas de pagamento do leite pela qualidade, que também trará benefícios inquestionáveis para as indústrias de laticínios e para o consumidor, cada vez mais exigente e consciente. Se houver exigência e imposição de leite resfriado e filtrado na fazenda, produzido por vacas saudáveis, com composição adequada e volume constante, certamente surgirão forças capazes de reverter a tendência de crescimento no número de produtores. Com isso, os que querem profissionalização encontrarão estímulo para adotar tecnologia, mudar a escala e assumir compromissos, ao passo que os simples tiradores de leite não terão condições de sobrevivência, como vem ocorrendo em várias regiões do globo terrestre.

ATÉ NA NOVELA

REVISTA BALDE BRANCO - Nº 385 - NOVEMBRO DE 1996

Dentre as atividades agrícolas, a pecuária de leite é a que maior atenção recebe da mídia, não pelo fato de produzir um alimento nobre, insubstituível para a alimentação humana. A fama de setor difícil, de viabilidade duvidosa, é que fornece uma gama variada de assuntos para discussões e análises pelos órgãos de divulgação. Tudo isso faz com que os habitantes das cidades que nunca viveram, trabalharam ou mesmo visitaram uma fazenda sejam capazes de emitir opiniões, elaborar questionamentos e levantar dúvidas sobre a atividade. Na década de 1970, por exemplo, a revista 'O Cruzeiro' frequentemente publicava crônicas sobre a pecuária leiteira, e as estórias, muito bem contadas, ensinavam três maneiras de divertimento, mas de empobrecimento rápido: manter uma amante de alto luxo, tentar ganhar em cassino ou montar uma fazenda leiteira.

Fama não se constrói do dia para noite. Tempo, persistência, divulgação e, sobretudo, aceitação por parte do público são fatores indispensáveis para a construção de uma reputação sólida. Os políticos sabem que sempre a versão é mais importante que o fato e, por isso, procuram estimular a imagem criada por manipulação, surgida por acaso ou desenvolvida por interpretação distorcida da realidade. Depois de sedimentada, a fama se propaga para fazer parte do cotidiano e não é mais contestada. Por esse motivo, a pecuária de leite fez recentemente uma ponta na novela que procura exaltar o poder e prestígio dos boiadeiros, para revelar sua imagem de atividade controvertida. Foi caracterizada como uma aventura de grande risco, na qual seria provável a perda de tudo o que havia sido ganho na exploração de gado de corte.

Os autores das novelas tentam, através da ficção, retratar o que consideram a realidade. Utilizam, com frequência, imagens divulgadas, promovidas, aceitas, mas nem sempre fáceis de serem comprovadas. Como escrevem sobre o que não conhecem, mas ouviram falar, já retrataram o bicheiro boa praça, o bandido íntegro, o mau-caráter bonzinho e até o político demagogo e corrupto, mas simpático ao grande público. Por isso, não é de admirar que numa novela rural o leite apareça vestido com a fama que tem.

Para angariar reputação, a pecuária de leite teve de contar com a colaboração das planilhas de custo, sem nenhuma análise das causas, do depoimento de quem abandonou o setor, sem comprovação das justificativas, do desprezo dos reis do gado, sem levar em conta escala de produção, e da opinião do empresário urbano que tenta produzir com tecnologia de 'ponta' e não vê resultado. A manutenção do conceito de que preço do produto é um gargalo, sem análise do que está acontecendo no país e no mundo, amplia o contingente de insatisfeitos, e todos desconsideram eficiência, produtividade e administração empresarial nas fazendas leiteiras.

A visão realista do setor leiteiro só será aceita no país quando for adotada a metodologia de análise de potencial da fazenda e dos recursos produtivos disponíveis nos sistemas. Nessa situação, torna-se possível caracterizar e explicar por que algumas fazendas vão mal, enquanto outras vão bem e o significado real de custos elevados, lucros e prejuízos. Análises recentes de propriedades que conseguem manipular com acertos os recursos produtivos mostraram resultados surpreendentes para um público acostumado com a imagem distorcida pelo conceito da aparência e da falsa tecnologia. Como era de se esperar, os estudos também revelaram resultados insatisfatórios, mostrando que, como em qualquer atividade econômica, a pecuária de leite também exige competência.

Seria muito bom se algum dia a pecuária de leite fosse a estrela principal das novelas rurais, mostrando-se como uma das melhores atividades agrícolas, no que diz respeito a rendimento líquido por unidade de área. Se isso acontecesse, certamente os céticos diriam se tratar de uma ficção bonita, mas manipulada, e o conceito correto de produção seria mais uma vez contestado. Para ter audiência, talvez a novela tenha de retratar não a realidade encontrada em qualquer região evoluída, mas, sim, o conceito generalizado no mundo subdesenvolvido de que produzir leite é um péssimo negócio.

COMEÇAR GRANDE E POR CIMA

REVISTA BALDE BRANCO - Nº 392 - JUNHO DE 1997

Na época dos projetos pecuários era comum, para se iniciar uma fazenda, a colocação de instalações sofisticadas e caríssimas, além de se adquirir novilhas prenhes para parição em curto prazo. Com isso, a estrutura do rebanho se tornava problemática, pois havia leite em abundância por um período de sete a nove meses e depois, redução gradativa causada pelo final da lactação de animais que ainda estavam vazios por erros de manejo. Logo a fazenda que havia iniciado bem, causando euforia e admiração, não tinha leite nem para custear a manutenção da atividade. A situação era difícil e problemática para quem tinha por objetivo começar por cima, pois em poucos meses se via diante de uma experiência amarga e frustrante.

Problemas semelhantes aos mencionados continuam existindo porque sem tradição no ramo não é possível entender o conjunto das ações que fazem parte de uma fazenda leiteira. A adaptação às mudanças deve ser gradativa, e o produtor precisa reconhecer a importância da manipulação dos fatores produtivos e entender as complexas atividades relacionadas com o setor leiteiro. Reconhecer o que vem sendo feito no exterior pode, muitas vezes, sugerir cautela e determinação na procura de objetivos bem definidos.

Na história de uma fazenda localizada na região nordeste dos Estados Unidos, o patriarca vivia há 50 anos somente da atividade leiteira, ordenhando à mão cerca de 30 vacas. Com esforço, dedicação e determinação, foi capaz de crescer de maneira ordenada, cuidando do manejo, do conforto de suas vacas, promovendo descartes e trabalhando duro. Recentemente inaugurou um galpão de 'free-stall' para 1.300 vacas e uma sala de ordenha em paralelo para acelerar a retirada do leite. Nasceu pequeno, cresceu ordenadamente e conseguiu atingir as metas programadas para a fazenda.

Começar grande, sem tradição, conhecimento ou assistência técnica competente e desconsiderar a possibilidade de evolução dos pequenos produtores que demonstram garra, vontade e determinação é típico das regiões onde não se consegue sair do patamar do subdesenvolvimento. A pirâmide invertida para caracterizar o trabalho desenvolvido em uma fazenda leiteira foi largamente utilizada pelo professor Moacyr Corsi, da Escola Superior de Agricultura "Luiz de Queiroz", na campanha conhecida como "São Paulo vai ao Campo", para revelar tendência bem caracterizada de começar a atividade do fim para o começo. Dando ênfase às construções, à genética e à manejos sofisticados de valores questionáveis, os produtores procuram iniciar o programa do fim para o começo. Essa metodologia de trabalho é mais característica de pessoas que nunca viveram a rotina de produzir leite e também adotada algumas vezes por aqueles que querem repentinamente mudar o rumo da fazenda.

No passado, o dinheiro fácil, barato e abundante garantia a montagem rápida de uma estrutura monumental sem a preocupação de analisar se o gado, os funcionários, a base alimentar e o solo seriam compatíveis com a nova realidade que estava sendo implantada. Vários confinamentos do tipo 'free-stall' foram estabelecidos com o gado mestiço existente na fazenda e, ao invés de leite, obtiveram vacas obesas consumindo dietas formuladas para boas produtoras.

A utilização de pessoal sem nenhuma capacidade para tocar sistemas mais sofisticados criou problemas insolúveis para muitas fazendas que tentaram entrar na modernidade.

Outros problemas também apareceram como consequência do desejo de começar rapidamente. Por exemplo, houve importação de novilhas cujos pais foram considerados negativos no exterior e o resultado trouxe decepção e desânimo para quem queria começar bem. A cópia errada de instalações estrangeiras promoveu gastos elevados sem resultados mensuráveis. A tentativa de produzir feno de leguminosas tropicais levou à importação de secadores de forragem para obtenção de pequenas quantidades de alimento de baixa qualidade. A substituição desenfreada de espécies forrageiras teve, e continua tendo, o objetivo de transformar pastos degradados e improdutivos sem nenhuma outra ação.

Tudo isso serviu para conferir ao setor a fama que tem.

REBANHO DE LEITE POR INTEIRO

REVISTA BALDE BRANCO - Nº 394 - AGOSTO DE 1997

Quando se visita uma fazenda de gado fino, existe uma preocupação constante em mostrar e caracterizar as estrelas do rebanho, que, por tipo aprimorado ou produção acima da média, recebem tratamento especial. Elas são mantidas em locais separados onde a alimentação, o trato e os cuidados são diferenciados. Procura-se assim caracterizar as exceções, mesmo que sejam representativas de um número diminuto de animais. Essa postura é muito diferente da encontrada nas fazendas especializadas, onde o rebanho como um todo é motivo de análise, e a produção é representativa do total de vacas existentes e nunca dos animais que se encontram em lactação. A visão do rebanho produtivo como um todo, não segmentado, é que fornece elementos para julgar o manejo, o acerto das medidas e a capacidade produtiva da fazenda.

Visitando fazendas profissionalizadas nos Estados Unidos, produtores nacionais ficaram muito impressionados ao ver a grande campeã do Estado de Ohio fazendo parte do lote, usando as mesmas instalações, comendo o mesmo alimento e recebendo o manejo geral programado para todas as vacas. Surpresos também pareceram quando verificam que recordistas mundiais de produção estiveram o tempo todo dentro do rebanho, ocupando o mesmo espaço, sendo tratadas como suas companheiras, apesar de serem excepcionais. Esses fatos ocorrem porque a venda de gado representa geralmente uma parcela pequena da receita bruta da fazenda. Então, a ênfase é sempre dada ao conjunto de animais e não ao indivíduo que se destaca, quase sempre em número reduzido. Como consequência, os rebanhos devem ser enxutos, pois as vacas são as únicas a gerar receitas, enquanto as outras categorias representam ônus. A venda de fêmeas jovens excedentes, mesmo que entre elas possa aparecer uma fora de série, não é motivo de preocupação, pois o interesse é sempre pela eficiência e economicidade do rebanho como um todo.

Nos rebanhos profissionalizados e estabilizados, as vacas em lactação devem representar de 83 a 86% das fêmeas que já atingiram o processo produtivo, e para cada 100 unidades do rebanho se torna possível a venda de 45 fêmeas. Com isso, o rebanho produtivo fica em evidência, e a quantidade de leite produzida é capaz de diluir os custos do processo produtivo, gerando espanto e descrença quando os valores são muito abaixo daqueles usualmente caracterizados no país.

Na fazenda produtiva, o descarte passa a ser a grande arma para uniformização do rebanho e, por isso, o produtor profissional não pode ser levado por sentimentalismo, por filiação, por família, por aspecto ou por qualquer outra característica do animal que nada tem a ver com produção ou produtividade. O importante é que a vaca se enquadre no rebanho e garanta uniformidade nas características fundamentais para elevar eficiência e rentabilidade, ou seja, eficiência reprodutiva e persistência de produção.

Para que o setor leiteiro do Brasil evolua no sentido da profissionalização, é necessário que se comece a considerar o rebanho como um todo e sua capacidade de produzir leite. Não é mais possível admitir prejuízos em fazendas leiteiras que, por causa de dois ou três animais de elite e excepcionais, acabam onerando a atividade, descaracterizando o sentido da verdadeira produção de leite. Além desses aspectos, torna-se também necessário entender o verdadeiro significado do melhoramento genético, pois nem sempre os animais com desempenho ou características que se destacam são capazes de passar para a descendência o que foram capazes de revelar. A utilização de embriões só tem sentido quando se consegue uma estimativa do mérito genético da vaca doadora. Caso contrário, os resultados podem não ser os esperados, já que a ênfase foi colocada no fenótipo e não no genótipo do animal. Medidas dessa natureza podem gerar gastos excessivos para o leite produzido na fazenda, e assim, o custo por litro fica elevado.

Entender o significado correto das medidas a serem tomadas na produção de leite requer uma simples visualização das práticas e dos conceitos adotados, em que a atividade tem um significado econômico e não poético e sentimental como ocorre em nosso meio. A concepção da exploração do rebanho como um todo precisa ser introduzida com urgência no setor leiteiro do Brasil.

O GRANDE PODE SER PEQUENO

REVISTA BALDE BRANCO - Nº 402 - ABRIL DE 1998

O conceito de grande ou pequeno é muito relativo, porque depende de um referencial para que o julgamento possa ser concretizado. Assim, o padrão passa a ter uma importância acentuada quando se pretende considerar o tamanho do que está sendo julgado. Um exemplo característico seria o pequeno produtor do Brasil, para alguns, considerado como produzindo até 50 litros por dia e, para outros, até 100 litros por dia. Esse fato acontece porque a grande maioria das fazendas produz pouco, e o número elevado de vendedores de leite acaba colocando a média local num patamar muito baixo.

Estima-se, porque ninguém sabe na realidade, que o produtor médio do país consiga entre 40 e 50 litros por dia, e a análise de qualquer empresa que colete o produto pode mostrar numa estratificação que os chamados pequenos sempre prevalecem, independentemente da média considerada. Num cenário como o descrito é de se esperar que quem for capaz de entregar 500 ou 1.000 litros diariamente, seja considerado grande. Em muitos laticínios, produtores de mais de 1.000 litros não correspondem aos dedos de duas e, às vezes, nem de uma mão.

O setor leiteiro nacional, grande ou pequeno, não depende da área da fazenda, do número de vacas trabalhadas, nem do potencial produtivo, como ocorre nos países evoluídos, onde a limitação para produzir leite fica na dependência do limite físico imposto pela gleba, mão de obra cara e escassa, ou de uma estrutura limitada. Essas limitações prevalecem nas regiões tradicionais do norte e do meio-oeste americano, onde se observa a contínua redução no número de produtores.

Fazendeiros brasileiros que visitaram propriedades no Estado de Nova York (EUA) depararam com uma pequena produtora que conseguia com 70 vacas e 10 hectares para a produção de feno, obter 1.264 litros por dia. O projeto da fazendeira, que trabalhava sozinha, era atingir dentro de pouco tempo cerca de 2.000 litros, para, então, contratar mão de obra para a ordenha vespertina. Para tanto, ela estava criando 50 novilhas e comprava ração completa de seu vizinho, O limite para um crescimento maior era físico, pois o estábulo construído no final do século XIX não acomodaria mais que 90 vacas, e o sistema de ordenha de balde ao pé era limitante para rebanhos maiores. Os fatos relatados foram surpreendentes e causaram perplexidade, pois, considerando o volume de leite produzido, a fazenda seria considerada grande na maior parte das regiões leiteiras do Brasil.

A caracterização de pequeno ou grande deveria, na realidade, estar focalizada no significado econômico da produção. É fato sabido em todo o mundo que, salvo raras exceções, o lucro por litro de leite estará sempre entre US$ 0.02[1] e US$ 0.08 e, por isso, existe a necessidade de escala para que a atividade seja compensadora. O trabalho desenvolvido em uma fazenda leiteira é muito grande, e o lucro gerado pode ser muito pequeno, mesmo com ganhos significativos por litro. Considerando essa conceituação e um lucro de US$ 0.05, que não é muito fácil de ser obtido, pode-se afirmar que um produtor de 500 litros diários seria pequeno, pois seu lucro mensal não passaria de US$ 762.00, muitas vezes considerado pouco para o trabalho desenvolvido.

Esse fato justifica grande número de desistências no setor leiteiro dos países desenvolvidos, onde os produtores, apesar de obterem lucro, procuram em outras atividades uma remuneração que justifique o trabalho. Os fazendeiros que não conseguem lucro também abandonam a atividade, já que o leite sempre deve ser considerado com um negócio e tocado como tal.

Dentro da conceituação apresentada, pode-se afirmar que no Brasil um produtor caracterizado como grande, talvez seja muito pequeno, sem capacidade de gerar uma remuneração digna para o seu trabalho. A ideia do grande de 500 a 1.000 litros diários deve ser revista, para que a atividade seja capaz de prosperar, crescer e se modernizar. Só assim seria introduzida rapidamente no meio rural a necessidade de se pensar na escala de produção e definir para cada propriedade o volume de leite capaz de justificar a fazenda leiteira.

1Dólar em 01.04.1998 cotado a R$ 1,1370.

IDENTIFICAÇÃO DOS PROBLEMAS

REVISTA BALDE BRANCO - Nº 412 - FEVEREIRO DE 1999

Um aspecto interessante, e até mesmo intrigante, é o fato de as dificuldades e os problemas parecerem eternos no setor leiteiro nacional. Na década de 1930, os jornais relatavam que, se persistissem os baixos preços pagos pelos laticínios, a produção paulista entraria em colapso, e os produtores reivindicavam a intervenção do governo para a solução do grave problema. Quase 20 anos depois, com o mercado sob intervenção, o noticiário apontava o reajuste do preço pago ao produtor como o único meio para evitar o colapso do setor, o qual vinha revelando sinais de completo esgotamento. Nos dias atuais, quase 70 anos mais tarde, a imprensa publica notícias sobre as expectativas de que os preços baixos e as importações acabem conduzindo a atividade para uma situação insustentável, com a morte do produtor nacional e a redução na oferta do produto.

Entretanto, por mais paradoxal que possa parecer, a quantidade de leite produzida no país vem crescendo gradativamente e, considerando os últimos 30 anos, observa-se um incremento de cerca de 3,5 vezes. Somente nos primeiros sete anos da década de 1990, ocorreu um aumento de praticamente 50% na produção, e esses fatos revelam que as projeções e as profecias não eram reais.

Outro fato relevante a ser considerado é que inúmeros estudos sobre o setor foram realizados ao longo do tempo, e todos mostraram um panorama muito semelhante, indicando estagnação nos índices de produtividade médios e problemas estruturais graves. Com base nesses levantamentos, foram apresentadas, algumas vezes, conclusões que eram realistas e cenários para o futuro, que não se concretizaram.

A leitura de documentos publicados indica que existe sempre a esperança de que o setor evolua para um patamar compatível com o avanço tecnológico e que uma situação ideal deva ser definitivamente implantada com estabelecimento de exigência por parte dos laticínios e de nova legislação para o setor. Tem-se também comentado que deverá ocorrer redução no número de produtores, que os pequenos deixarão de existir e que a produtividade do rebanho nacional irá aumentar, apesar de não existirem evidências de que essas tendências estejam ocorrendo.

Assim sendo, parece que existe a expectativa de que o rumo da pecuária leiteira do país deverá seguir, brevemente, o modelo histórico observado nos países evoluídos e, com isso, o ideal, em vez do real, passa a ser esperado, mas as evidências não suportam essas proposições. Como as dificuldades são mantidas em destaque, estudos continuam sendo realizados para a identificação dos problemas gerais da pecuária leiteira em diferentes regiões.

Novamente estão aparecendo informações de fatos que já foram identificados no passado e que, sem dúvida, contribuem para a manutenção de uma situação aparentemente imutável. Por exemplo, alguns levantamentos recentes indicam que três quartos dos produtores entrevistados estavam insatisfeitos com o retorno econômico da atividade, mas que permaneciam produzindo, explorando vacas com características de animais de corte, mantidas em pastos degradados e manejadas de maneira rudimentar.

A porcentagem de vacas em lactação nos rebanhos durante o ano era muito baixa, menos de 50%. Cerca de 80 a 90% dos produtores executavam um ordenha diária e 95% tiravam leite por ordenha manual. Dependendo da região, existia uma concentração marcante de pequenos produtores, perfazendo 80% do total, se pequeno for representado por produtores que entregam até 150 litros de leite por dia. Além desses aspectos, em algumas bacias leiteiras a produção apresentava tendência fortemente sazonal, bem definida, indicando o uso de métodos rudimentares para a produção.

Tem-se detectado que o segmento que tenta produzir com tecnologia enfrenta grandes problemas, porque muitos produtores não são capazes de produzir com custos compatíveis com os preços do mercado. Esse contingente é muito pouco conhecido e estudado e quase nada se sabe sobre a situação real em que se encontra e as razões das dificuldades. Existe uma tendência bem definida de se concentrar os estudos no segmento do produtor de leite não especializado, talvez por ser o mais significativo em termos de quantidade.

Não seria o caso de se iniciar no Brasil estudos sobre os problemas já detectados, tentando identificar as razões das dificuldades de se produzir leite num país de reconhecida potencialidade, em vez de se procurar nas informações estatísticas indicadores de que algo está mudando, para tentar caracterizar avanços que parecem não acontecer com o correr dos anos?

DIFICULDADES PARA PRODUZIR LEITE

REVISTA BALDE BRANCO - Nº 420 - OUTUBRO DE 1999

Todas as vezes que se depara com dados sobre produção de leite em países, ou mesmo em fazendas localizadas em regiões pouco desenvolvidas, fica-se imaginando por que os produtores não conseguem obter bons índices de produtividade, apesar de todo o conhecimento acumulado no século XX de grandes avanços científicos e tecnológicos. As consequências desse fato são bem conhecidas e se traduzem na baixa disponibilidade de um alimento nobre para as populações que vivem nas cidades e que, portanto, dependem de uma produção acima daquela necessária para subsistência dos habitantes do meio rural.

Relembrando o desenvolvimento histórico da pecuária leiteira, pode-se verificar que essa era a situação encontrada na Europa, antes do estabelecimento da Revolução Industrial, e da migração em massa do homem rural para a formação das cidades. O desenvolvimento tecnológico da época permitiu que o leite fosse transportado para grandes distâncias, e a industrialização viabilizou o comércio de um produto muito perecível. As grandes transformações econômicas e sociais possibilitaram mudanças também na pecuária de leite, que de atividade de subsistência e venda de eventuais excedentes, passou a ser encarada como importante para a formação da renda bruta da fazenda. Tudo isso ocorreu no final do século XIX, época em que o conhecimento tecnológico era muito restrito.

Nas regiões pouco desenvolvidas do mundo atual ainda permanece o conceito de produção extrativa, não programada, que resulta em baixa eficiência do uso dos recursos produtivos, gerando, portanto, receitas pouco significativas. Assim sendo, se torna difícil quebrar o ciclo da pobreza, em que o indivíduo não tem possibilidade de captar recursos para investir na atividade e, não investindo, fica sem possibilidade de crescimento. Essa situação é característica de um estado de espírito com falta de ambição e visão restrita ao meio em que se vive. Por esse motivo, há pouco tempo, um produtor gaúcho que participava de uma manifestação de protesto declarou ao repórter da televisão que a solução para o setor seria melhorar o preço do leite, pois o recebido atualmente não permitia que se vivesse com a entrega de 15 litros diários. Mudança de atitude, visão empresarial, ampliação dos horizontes e aceitação de novos conceitos seriam forças capazes de alterar um panorama que permanece imutável por muito tempo.

Quando o meio é pobre e sem muitas perspectivas, existe, no mundo todo, a expectativa de que o uso de algumas medidas simples possam solucionar alguns pontos de estrangulamento do processo produtivo. Essas medidas, muitas vezes chamadas de tecnologia da pobreza, devem ser baratas, aproveitar ao máximo os recursos existentes, não usar insumos e serem aceitas por indivíduos de baixo nível cultural. Não se pensa, nesses casos, no conceito universal da relação custo:benefício, mas sim, na possibilidade de melhorar um problema grave, sem gastos muito elevados. Um exemplo característico dessa situação pode ser visto num artigo recente de uma revista dirigida para fazendeiros africanos, ensinando a confecção de medas com feno de capim passado e restos de cultura, para minimizar o efeito da seca. A descrição pormenorizada dessa prática pode ser encontrada em livros europeus do final do século XIX, quando não existia uma concepção correta sobre o valor nutritivo de alimentos volumosos.

Alguns meses atrás, pequenos produtores de leite do sul de Minas Gerais foram estimulados a suplementar o rebanho com cama de frango, visando melhorar uma situação difícil criada por uma deficiência hídrica mais prolongada. O uso exclusivo de um alimento relativamente barato, mas bastante desequilibrado sob o ponto de vista nutricional, não consegue resolver o problema, mas também não deixa o gado morrer de fome, situação satisfatória para quem espera muito pouco.

Talvez, um dos maiores entraves para a estruturação do setor leiteiro nas regiões em desenvolvimento seja o fato de que a produção extrativa é uma das atividades agrícolas mais fáceis de serem executadas, não exigindo conhecimento técnico, planejamento nem esforço adicional. Se a vaca reproduz, aparece a possibilidade de retirada e venda do leite, e o uso de animais rústicos garante a possibilidade de convivência com subnutrição, doenças e fatores estressantes do meio. Para completar o quadro, o leite pode entrar no mercado informal, onde as exigências de qualidade são desconsideradas. Por tudo isso, o mundo em desenvolvimento continuará convivendo com dificuldades para a produção de leite, porque não é fácil mobilizar o homem para a aceitação de conceitos tecnológicos e econômicos.

RACIONALIZAÇÃO

REVISTA BALDE BRANCO - Nº 422 - DEZEMBRO DE 1999

No final dos anos 1950, as estimativas feitas sobre a produção de alimentos no mundo indicavam números preocupantes. Existiam algumas previsões pessimistas de que poderia haver falta de comida para a humanidade, já que o crescimento populacional atingia cifras elevadas, e os índices de mortalidade mostravam tendência de redução. Preocupado com o fato, num período bastante significativo da Guerra Fria[1], o governo dos Estados Unidos criou uma comissão de alto nível para estudar o problema, porque era admitido que eliminar a subnutrição do globo terrestre era uma tarefa difícil e complexa. O relatório publicado sobre o tema revelou que o conhecimento tecnológico existente, os recursos naturais não explorados, a grande quantidade de terras não cultivadas e a racionalização, com toda certeza, garantiriam o abastecimento de alimentos para a humanidade.

Um fato chamou atenção e revelou um problema aparentemente até então desconsiderado: de 20 a 40% dos alimentos produzidos nas fazendas dos países em desenvolvimento eram perdidos por deficiências administrativas e tecnológicas. As perdas muitas vezes ocorriam, e ainda ocorrem, porque não existe consciência de sua existência ou importância. Podem ser consideradas um fato natural ou inevitável, serem fruto de ignorância sobre colheita, preservação e armazenamento de alimentos ou causadas por falta de infraestrutura adequada. Somando-se ao problema as deficiências de produção por desconhecimento ou falta de tecnologia, uso inadequado de insumos e energia, investimentos não produtivos, fica mais fácil demonstrar por que nos países em desenvolvimento as atividades agrícolas são consideradas difíceis sob o ponto de vista econômico. A baixa produtividade dos fatores de produção e as perdas resultam sempre em custos mais elevados e rendas brutas pequenas, geralmente insuficientes para justificar o trabalho e o investimento.

Nas fazendas leiteiras o desperdício pode ser muito grande e, raramente, é motivo de análise ou preocupação. Por exemplo, observações realizadas em algumas propriedades indicaram que, algumas vezes, até 30% do leite produzido não era comercializado, o que provocava uma redução considerável na renda

---

1Guerra Fria - nome dado ao período histórico de disputas estratégicas e conflitos indiretos entre os Estados Unidas e a União Soviética, entre o final da 2ª Guerra Mundial (1945) e a extinção da União Soviética (1991). Foi chamada fria por não haver uma guerra direta entre as duas superpotências.

bruta da atividade. A perda era provocada por excesso de leite empregado na alimentação dos bezerros, usado para consumo na fazenda e jogado fora por ocorrência de mastite.

O uso de quantidades inadequadas de leite para bezerros geralmente é um dos problemas mais sérios, porque utilizar leite na criação de machos raramente traz resultados satisfatórios sob o ponto de vista econômico, e a utilização excessiva na criação de fêmeas é desnecessária. Pesquisas publicadas no mundo todo desde os anos de 1950 demonstram que a desmama precoce e o uso de sucedâneos, podem possibilitar uma redução significativa nos custos de criação de fêmeas para a reposição e permitem a venda de mais leite. Grande parte do desperdício observado na criação de bezerras é decorrente da falta de conhecimento ou do uso de falsa tecnologia, proposta depois que visitantes observaram em fazendas canadenses e europeias o uso de quantidades liberais do produto, porque o leite extracota não pode ser vendido. A possibilidade de se usar 150 litros de leite ou sucedâneo para a criação de bezerras contrasta com os 450 ou 500 litros propostos e empregados por muitos produtores.

Outras perdas podem ser caracterizadas nas fazendas leiteiras, como o uso excessivo de concentrados que pode afetar a saúde dos animais, provocando gastos elevados com medicamentos, encarecendo significativamente os custos de produção. A ordenha malfeita, a falta de higiene e de regulagem dos equipamentos de ordenha mecânica promovem aumentos nos índices de mastite e redução na quantidade de leite vendido. O emprego de corretivos e fertilizantes sem análise do solo resulta em perdas expressivas dos insumos e produções pequenas, às vezes, insuficientes para atender as necessidades. As perdas nos silos podem atingir cifras inacreditáveis, porque não se consegue medir a extensão do problema nas fazendas. Estudos revelaram perdas de 30 a 70% da matéria seca armazenada em silos trincheira, quando as técnicas de enchimento, compactação, vedação e retirada são inadequadas, fato que encarece sobremaneira um alimento caro, que também perde valor nutritivo.

A racionalização das atividades de uma fazenda pode promover ganhos significativos e, por isso, não faz sentido a afirmação de que tecnologia eleva os custos de produção. O que ocorre, nesses casos, é confundir tecnologia com investimentos em recursos não produtivos, em falsas tecnologias e, sobretudo, administração deficiente dos recursos existentes na fazenda.

DESENVOLVIMENTO DO SETOR LEITEIRO

REVISTA BALDE BRANCO - Nº 429 - JULHO DE 2000

A análise da capacidade produtiva dos rebanhos leiteiros de vários países é feita através de índices publicados anualmente sobre a produção por vaca do rebanho por ano. Essa informação oferece uma ideia da eficiência com que as matrizes são exploradas para a produção de leite e traduzem não só a quantidade produzida, como também a eficiência reprodutiva e a porcentagem de vacas em lactação por ano no rebanho, indicando o manejo adotado pelos produtores. Por esse motivo, na comparação entre os dados, deve-se levar em conta que o sistema de produção adotado vai interferir decisivamente nos valores, podendo indicar diferenças muito acentuadas.

Como exemplo, o índice relatado para as vacas americanas é muito maior que a observada na Nova Zelândia, pois a comparação é feita entre produção em confinamento e pasto. Apesar da dificuldade de se estabelecer com essas informações uma comparação entre o desenvolvimento da atividade de produzir leite entre países e regiões, um fato chama a atenção quando se analisa uma lista da situação do rebanho de diferentes países, pois, nos considerados em desenvolvimento, as vacas contribuem com uma quantidade de leite menor que produzida por uma boa matriz de corte para amamentar adequadamente a sua cria, indicando a predominância de sistemas extrativistas, sem aplicação de tecnologia.

Para se ter uma ideia realista do setor leiteiro de um país ou região, se torna necessária a análise de outros fatores indicativos de desenvolvimento da atividade como um todo. Mais um exemplo: a associação espontânea dos produtores em cooperativas garante que nas regiões desenvolvidas o setor seja forte e estruturado. As cooperativas foram idealizadas no início do século XIX, e seus princípios e objetivos estabelecidos em 1844, criando oportunidade para que os interesses individuais fossem fortalecidos pelas aspirações e interesses de uma massa crítica com força e poder de barganha.

Um fato bem característico da importância das cooperativas pode ser visto na Nova Zelândia onde a organização das atividades relacionadas com a produção de leite é admirável. O avanço do setor é de tal magnitude que a fusão de inúmeras unidades pequenas está permitindo um fortalecimento cada vez maior do setor, havendo fatos indicativos de que, no futuro, estarão em funcionamento somente duas cooperativas de produtores de leite, que participam dos programas de teste de progênie de touros, assistência técnica, financiamento de pesquisa e desenvolvimento de novos produtos lácteos, permitindo assim, agregação de valor ao leite produzido. Somente estruturas grandes e fortes podem contribuir de maneira tão decisiva e beneficiar o setor como um todo. Em outros países também fusões estão sendo realizadas com os mesmos objetivos.

Nas regiões desenvolvidas existem também várias atividades correlatas que oferecem maiores oportunidades para o fortalecimento da economia do setor leiteiro. Um exemplo bastante característico é a valorização do macho leiteiro utilizado como animal para a produção de carne em confinamento, ou mesmo, em pastagens. A velocidade de crescimento e a eficiência de conversão alimentar desses animais possibilitam o uso com sucesso, apesar da carcaça não atingir os padrões desejados pelo mercado de carnes. Verificam-se nos grandes confinamentos americanos ou nas pastagens da Nova Zelândia lotes muito grandes de machos leiteiros prontos para o abate com idade entre 14 e 18 meses.

Outra forma de aproveitamento é na produção de vitelos, para obtenção de uma carne cara, considerada insubstituível para a elaboração de determinados pratos. Essas atividades se tornam possíveis pela aplicação de tecnologia, existência de mercado consumidor e desenvolvimento econômico. As vacas de descarte são também abatidas e participam de maneira decisiva no mercado de carne dos países desenvolvidos e, por esse motivo, são relativamente valorizadas, mesmo para a obtenção de um produto de qualidade inferior, mas importante para a produção de hambúrguer e embutidos.

Um número muito grande de outras características associadas com o desenvolvimento poderiam ser apontadas e discutidas, como terceirização de atividades agrícolas para a produção de volumosos, uso generalizado de tecnologia, rebanhos de gado especializado de elevado mérito genético, legislação severa sobre poluição ambiental, produto de excelente qualidade, etc. A característica mais importante, entretanto, é o fato de que a atividade leiteira foi sempre conduzida com objetivos econômicos, existindo fazendas especializadas na produção de leite já no final do século XIX.

VIVER SOMENTE DO LEITE

REVISTA BALDE BRANCO - Nº 437 - MARÇO DE 2001

Com muita frequência, se depara com propostas de famílias urbanas que alimentam o sonho de estabelecer uma fazendinha com vacas de leite, para ter a possibilidade de desfrutar um estilo de vida agradável, saudável e longe da violência das grandes cidades. Dentro do idealizado, geralmente existe a proposição de que se não for possível conseguir lucro, seria suficiente a obtenção de recursos para cobrir os gastos da vida no campo. Essas mesmas ideias podem, muitas vezes, ser direcionadas para a criação de pequenos animais, que não necessitam de grandes espaços.

Entretanto, não se ouve propostas para o estabelecimento de pequenas fazendas de culturas anuais ou perenes, talvez porque exista a percepção de que nesses casos a escala da atividade é de grande importância. Surge, então, a dúvida sobre as razões de não se pensar seriamente porque pequenas explorações de produtos animais, mesmo com eficiência, geram receitas que podem não ser suficientes para os objetivos de uma vida mais simples no campo. Vale esclarecer que tal proposta, mesmo com a melhor das intenções, continuará a ser influenciada pelo conforto, estímulo ao consumo e pelos gastos com lazer, típicos da vida moderna.

São raros os casos de sucesso, e o sonho acalentado por muitos anos pode se tornar um pesadelo pelo aparecimento de problemas não previstos como mão de obra desqualificada, ações trabalhistas, dificuldades de comercialização, estradas intransitáveis, etc.

A grande atração da atividade leiteira é justificada pelo fato de que a criação de vacas desperta sempre entusiasmo e euforia, levando os iniciantes à leitura de livros e artigos, visitas a exposições, participação em cursos e observação de fazendas. Existe divulgação de que a atividade é simples, e que a predominância de pequenos produtores cria oportunidade para que mais de 200 litros por dia possam classificar a propriedade como média ou grande, facilitando a comercialização por causa do volume e da venda de leite resfriado.

Contam-se fatos verídicos de fazendas pequenas que garantiram a sobrevivência de famílias, criando condições para investimentos e educação dos filhos. Um livro sobre a vida no início do século XX, em uma pequena cidade mineira, relata como uma viúva tinha renda suficiente para manter a família, tocando uma chácara de 30 hectares: *"Nas pastagens eram conservadas 20 vacas leiteiras que produziam 60 litros de leite diários, que depois de tirada uma pequena parte para o consumo doméstico, eram distribuídos aos fregueses e constituía a renda básica da família"*. Outras fontes de renda, o estilo de vida e o sistema tipicamente extrativista não foram considerados, e ao leite foi atribuída a missão de garantir a sobrevivência.

Antigamente, muitos fazendeiros eram também comerciantes de animais, confeccionavam ferramentas, utensílios, possuíam curtume, engenho, monjolo, serraria, vendiam grãos, frangos, cabritos, porcos, etc., e tudo isso completava a renda. Produziam grande parte dos alimentos, havia caça e pesca abundante, gastavam pouco com mão de obra e levavam uma vida que, hoje, seria considerada sem sentido. A situação era também diferente em outros países, pois estudos sobre as pequenas fazendas mistas americanas na primeira metade do século XX relataram que os donos não eram ricos, mas tinham a possibilidade de manter receitas estáveis e bom padrão de vida para a época, tinham posição de destaque na comunidade e vendiam seus produtos e serviços no mercado local.

Modificações ocorridas a partir da Segunda Guerra Mundial inviabilizaram as fazendas que produziam pouco por limitação de área ou baixa produtividade. A migração para as cidades forçou a mecanização e o uso intensivo de insumos, havendo então a necessidade de especialização e produtividade em áreas maiores. Nas fazendas mistas, típicas do Estado de Iowa, nos Estados Unidos, a margem de lucro passou de 35% em 1950 para 9% no final do século XX, indicando que para manter o padrão de vida, o fazendeiro teria de produzir quatro vezes mais.

Outro problema é que as atividades fora das fazendas passaram a receber uma parcela cada vez maior da comercialização, como mostram dados americanos: do dinheiro gerado pela venda de seus produtos os fazendeiros recebiam de volta 40% em 1910 e somente 7% em 1977, e do preço pago por um pão de forma no supermercado, o produtor de trigo recebe hoje somente 6%, valor praticamente igual ao da embalagem.

Os desafios atuais e futuros exigirão profissionalização e percepção das mudanças necessárias para adaptação a sistemas diferentes dos antigos, que possibilitavam viver do leite em fazendas mistas, mesmo produzindo pouco. Ampliação da renda e controle dos custos se tornam cada vez mais importantes na chamada 'agricultura moderna'.

POR QUE 200 LITROS?

REVISTA BALDE BRANCO - Nº 448 - FEVEREIRO DE 2002

Existem alguns fatos interessantes e aparentemente inexplicáveis, que permanecem através dos anos como parte integrante do setor leiteiro do país. Crendices são passadas para as novas gerações, concepções e conceitos perpetuam-se, mesmo no início de um século com tecnologia desenvolvida e testada, capaz de operar verdadeiros milagres nos mais diferentes campos de atividade.

Essa postura geralmente desvia a atenção para longe dos problemas importantes, e esforços e tempo são gastos na análise e busca de soluções para o que não tem importância. Além disso, as distorções podem também levar à interpretação errada do que está acontecendo. Existe, então, o risco de se concentrar em fatos pouco significativos ou, o que é pior, considerar que existe uma tendência quando a realidade pode ser outra.

A distorção detectada na caracterização de produtividade é um bom exemplo, pois ainda se houve dizer que existe avanço devido ao fato de existir aumento de produção nas fazendas, sem considerar que os números dizem respeito somente às vacas em lactação e que não está sendo considerado o potencial do rebanho, do solo, da mão de obra e de outros fatores produtivos.

Estatísticas recentes sobre a estratificação das fazendas de leite por classe de produção diária mostram a distribuição da venda diária de até 50, de 50 a 100, de 100 a 200 e acima de 200 litros, revelando que no país existiam por ocasião do último censo (1996) somente 1,8% de produtores na categoria superior. Sabe-se, portanto, que a maioria dos produtores sempre entregou menos que 200 litros, mas qual o significado desse número? Que modificações ocorreriam na distribuição percentual se o limite superior fosse elevado para 250 ou 300 litros? Qual o significado de se produzir menos que o limite especificado? Considerando o capital investido em terra, animais, instalações, máquinas, equipamentos e mão de obra, seria esse número indicativo de que, a partir desse ponto, a atividade passaria a ser interessante sob o ponto de vista empresarial? Muitas vezes a mudança na porcentagem de produtores que ultrapassam 200 litros é encarada como indicativa de aumento de eficiência, mesmo sem a caracterização para que estrato os produtores passaram.

A alteração na distribuição percentual dos produtores acima do valor arbitrário contribuiu para melhorar outros aspectos importantes na coleta de leite?

Outros questionamentos poderiam ser apresentados, tentando compreender porque se insiste, há tanto tempo, em estratificar os produtores sem uma justificativa. Na década de 1970 foram estabelecidas discussões sobre o volume de leite que caracterizaria um pequeno produtor, chegando-se também a um valor arbitrário de 100 litros. Observações antigas indicaram que um dos problemas cruciais do setor era a pulverização da coleta de leite, pois se conseguia somente de 10 a 20 litros por quilômetro rodado, fato que encarecia e contribuía para obtenção de leite de baixa qualidade.

Em regiões onde o leite é considerado como negócio, em vez de estratificar os produtores de acordo com a produção, é preferido analisar que quantidade seria necessária para garantir o sucesso de uma atividade empresarial. Logicamente, na análise, são considerados o potencial das fazendas, as aspirações do empresário, a capacidade de investimento ou endividamento e os riscos envolvidos. Por exemplo, muitos produtores nos EUA, que exploram 100 vacas, podem considerar um ganho anual de US$ 18,000.00[2] a US$ 25,000.00 um valor compatível com o trabalho, o investimento e a oportunidade de ganho em outras atividades.

Não seria o caso de se pensar, no início do século XXI, em modificar os paradigmas que se perpetuam no setor leiteiro e passar a considerar que a estrutura do setor precisa ser analisada de outra maneira, que a atividade nunca foi considerada sob o ponto de vista empresarial e que a lógica deve prevalecer sobre o conceito?

O extrativismo, que ainda faz parte do setor, confere ao leite o papel de complementar uma renda à margem da pobreza e dificulta a aceitação da ideia de que a produção deve conferir à fazenda a caracterização de empresa. Não sugere também que os fatores envolvidos devem ser adequadamente remunerados e o empresário possa sobreviver, progredir e ter satisfação de ser produtor de leite, se souber administrar o negócio.

2Dólar cotado em 01.02.2002 a R$ 2,4161.

A VACA LEITEIRA NA MÚSICA CAIPIRA

REVISTA BALDE BRANCO - Nº 450 - ABRIL DE 2002

Sabe-se que o ser humano geralmente tem aversão por insetos e répteis, aprecia animais selvagens, admira os felinos, teme os tubarões e se sente atraído pelos macacos. Por outro lado, tem pelo cão grande afeição, pois, dos animais domésticos, foi um dos primeiros a viver com as famílias, a guardar o patrimônio, a ajudar na caça e a mostrar fidelidade e apego a seus donos.

Desde que o homem passou a se manifestar através de escritos e desenhos, o cachorro está sempre presente, e a maioria das ilustrações da idade média, principalmente na Inglaterra, mostra os cães junto a seus donos. Alguns foram artistas famosos no cinema e, até hoje, são lembrados por suas habilidades e proezas. Além dos caninos, também os equinos ocupam uma posição de destaque na preferência dos humanos por sua beleza, porte, e por terem prestado grandes serviços ao homem para tração, locomoção, caçada, guerra e conquista de fronteiras.

A vaca leiteira, por sua vez, está solidamente ligada ao ser humano há mais de 10.000 anos. De acordo com alguns historiadores, ajudou na povoação do hemisfério norte, na conquista do oeste americano e sempre forneceu ao homem, alimento nobre, trabalho de tração, couro e matéria orgânica para as culturas. Sua ligação com o homem é tão forte, que Jesus nasceu em uma manjedoura, perto de uma vaca. Inúmeras pinturas do período medieval mostram sempre a posição de destaque que ocupou no continente europeu e, nos dias atuais, talvez seja o animal mais utilizado para confecção de estatuetas, pinturas, bonecas, livretos, propaganda, etc. Basta visitar uma região leiteira tradicional para se ter uma ideia da quantidade de lembranças vendidas com a figura de um animal simpático, agradável e querido pelo homem.

Apesar de toda simpatia, docilidade e presença agradável da vaca de leite, um fato curioso chama a atenção de quem aprecia e se interessa pelo setor leiteiro. Os autores das músicas que contam estórias das fazendas e do meio rural, deixando de lado as atuais chamadas de sertanejas que são, na realidade, urbanas, não encontram muita inspiração para compor canções em que a vaca seja o tema central ou participe como personagem. Existem músicas de sucesso sobre mula preta, besta ruana, cavalo preto, cavalo zaino, etc.

Os boiadeiros ocupam posição de grande destaque nas canções como

Chico Mineiro, *Menino da Porteira*, *Três Boiadeiros*, *Filho Pródigo* e outras igualmente conhecidas e cantadas por todo país. Também os bois de carro, os novilhos de corte, o berrante, o laço e até o couro serviram de inspiração para músicas cantadas de norte a sul. Inexplicavelmente, os cachorros também não fazem parte, com frequência, dos poemas que dão origem às músicas chamadas de raiz, apesar de estarem sempre ao lado dos vaqueiros, prestando serviço inestimável. O interessante é que, também nas músicas rurais americanas, não considerando o estilo 'country', que também é urbano, as mesmas características são encontradas em canções antigas ou novas, nas quais gado de corte, boiadeiros e cavalos ocupam os temas centrais de músicas com letras bonitas, muitas vezes tristes, mas sempre agradáveis, por relatar estórias emocionantes.

Talvez a atividade de produzir leite, caracterizada por um trabalho rotineiro, desenvolvido todos os dias do ano e sem grandes atrativos que estimulem a imaginação, leve o poeta, o violeiro e o público a preferir temas relacionados com gado de corte e montarias. Conta-se que, certa vez, numa reunião de produtores rurais que faziam um curso de controle da mente, foi solicitado que os presentes imaginassem um local onde pudessem sentir prazer e emoção ao mesmo tempo. Pela versão apresentada, todos os boiadeiros visualizaram uma cavalgada pelos pastos e nenhum leiteiro manifestou desejo de estar na sala de ordenha ou na fazenda, fato que, certamente, não levaria a acontecimentos inesperados ou emoções intensas.

A produção de leite é uma atividade que pode estar profundamente arraigada no sentimento. Nos países desenvolvidos, onde o dono e sua família tocam a atividade, é comum encontrar produtores de cinco ou mais gerações que afirmam continuar porque sentem prazer imenso em conviver com a vaca leiteira, apesar do trabalho monótono e cansativo. Também em nosso meio a mesma postura é encontrada. Alguns criadores tradicionais afirmam que produzir leite 'é uma cachaça' e continuam, apesar das dificuldades impostas por um setor desestruturado, porque gostam da atividade e tem pela vaca leiteira apego e amizade. Por esse motivo, a liquidação de um plantel pode promover um sentimento tão forte que, na alma de um músico-poeta, poderia ser transformado, em música para viola.

CONTRASTES MARCANTES

REVISTA BALDE BRANCO - Nº 452 - JUNHO DE 2002

Observa-se no Brasil, como em todos os países em desenvolvimento, contrastes em todas as atividades, regiões geográficas e condições sociais. Nas metrópoles, pode-se visualizar carroças ao lado de carros de luxo, prédios suntuosos junto das favelas e lojas de padrão internacional com barracas de camelôs nas calçadas.

A Constituição da República Federativa do Brasil considerada evoluída por ocasião da promulgação em 1988, não garante os benefícios sociais estabelecidos, nem mesmo o direito de propriedade rural, pois se observam ocorrências de saques, apropriação indébita e matança de animais nas invasões organizadas, sem consequências para os infratores, enquanto se aplica rigor excessivo a fatos irrelevantes como a retirada de cascas de árvores para a confecção de chá.

O setor médico é avançado, mas pessoas morrem de doenças banais, o potencial agrícola é imensurável, e o país não produz alimento suficiente para atender as necessidades da população. O PIB[3] é considerável, mas parte da população vive abaixo da linha da pobreza. A lista de contradições é imensa e chama a atenção dos estrangeiros, que não conseguem entender como uma nação com tantas qualidades e potenciais não consegue resolver problemas básicos, algumas vezes, simples para quem não conhece a realidade e a complexidade do Brasil.

Olhando o setor agrícola, o mesmo problema pode ser observado. Existem fazendas exploradas com tecnologia de última geração, comparáveis a qualquer uma localizada no mundo desenvolvido, por vezes, com produtividade maior devido ao clima favorável. Propriedades vizinhas 'de cerca', muitas vezes, trabalham como se ainda estivessem na Europa medieval, pois as práticas e, sobretudo, os conceitos empregados são iguais.

No caso do setor leiteiro, os contrastes também são evidentes e marcantes, pois ao lado de avanços significativos em algumas fazendas e na indústria de

---

3PIB - Produto Interno Bruto - representa a soma (em valores monetários) de todos os bens e serviços finais produzidos numa determinada região, quer sejam países, estados ou municípios, durante um período determinado (mês, trimestre, ano). O PIB é um dos indicadores mais utilizados na economia com o objetivo de quantificar a atividade econômica.

lacticínios pode-se encontrar sistemas meramente extrativos e fabricação caseira de produtos para venda a consumidores de todas as classes sociais e econômicas. Não é raro encontrar pessoas cultas, médicos e outros profissionais da área de saúde comprando produtos não inspecionados e, o que é mais contrastante, recomendando o uso para crianças ou idosos.

Gravuras encontradas nas tumbas de faraós egípcios mostram a ordenha sendo realizada com o bezerro amarrado ao pé de vaca não especializada, de maneira semelhante ao que se observa na maioria das fazendas brasileiras. Seguramente, o leite produzido não era de boa qualidade, era transportado quente, o processo produtivo não era planejado, a reprodução aleatória e os animais passavam períodos de fome em épocas desfavoráveis, exatamente como ainda acontece em várias fazendas e regiões no Brasil do século XXI, fatos contrários aos conceitos universais de desenvolvimento da pecuária leiteira.

Dentre as contradições encontradas no setor leiteiro, uma chama a atenção no momento atual, apesar de ter sempre existido através dos tempos. Enquanto se nota desânimo, insatisfação e involução do setor em algumas propriedades, ou mesmo regiões, se observa entusiasmo, investimentos e crescimento da produção em outras. A situação de insatisfação encontrada nas antigas bacias que abasteciam os grandes mercados consumidores é evidente e o número de planteis liquidados aparentemente aumenta com o passar dos anos.

Percebe-se que os argumentos são os mesmos repetidos há muito tempo, que a mídia sempre caracterizou como sinais evidentes de colapso da produção, se medidas corretivas não fossem tomadas para reverter a situação que se encontrava intolerável. O sobe e desce do valor do leite pago ao produtor e a impossibilidade de se obter o que se convencionou chamar de preço remunerador, levam a um estado de frustração, porque não se sabe como lutar contra um fato considerado injusto.

Por outro lado, em algumas regiões mais distantes se encontram produtores animados e investimentos de milhões de reais em rebanhos grandes por investidores nacionais e estrangeiros, que argumentam saber o que estão fazendo, e depositam na atividade, esperança de rendimentos compatíveis com as expectativas, empregando sistemas de produção que vão do confinamento total ao uso intensivo de pastagens. Mesmo em regiões sem tradição, pode-se encontrar produtores rurais estimulados com a possibilidade de obter resultados satisfatórios com a produção de leite. Quem visitar, por exemplo, os projetos de pecuária de leite instalados na região semiárida do Nordeste, ficará impressionado com o que está sendo obtido com a irrigação de pastos e aplicação de conceitos simples de produção intensificada.

Estudos realizados por um pesquisador da Embrapa com produtores gaúchos indicaram uma situação interessante de melhoria na relação cliente-fornecedor pela obtenção de assistência técnica orientada para produtividade e economia, de modo que a maioria dos produtores que participaram da pesquisa reinvestiu na propriedade os lucros obtidos, para elevação da escala de produção, revelando entusiasmo e conceito oposto à ideia divulgada pelos pessimistas de que, quanto maior a produção, maior o prejuízo.

Aparentemente, o uso de tecnologia orientada para produtividade pode trazer de volta o estímulo que muitos perderam. O difícil é admitir que algo precisa ser mudado na fazenda, o que seria, na visão de muitos, um contraste marcante com a experiência acumulada após tantos anos de trabalho.

POR QUE CONCEITOS DIFERENTES?

REVISTA BALDE BRANCO - Nº 455 - SETEMBRO DE 2002

No meio rural do Brasil sempre surgem surpresas agradáveis, pois apresenta uma diversidade muito grande de relevos, climas, tipos de vegetação e atividades agrícolas. Devido à extensão territorial e tipo de colonização, pode-se observar paisagens bastante diferentes, construções peculiares, hábitos alimentares regionais e desenvolvimentos tecnológicos diferenciados. Quando se compara o extremo Norte com o Sul, pode-se caracterizar regiões tropicais e temperadas típicas. No Centro-Oeste é possível visualizar cidades coloniais construídas por portugueses e hábitos e atitudes dos habitantes da península ibérica.

Por outro lado, quando se visita alguma região colonizada por imigrantes do norte europeu, onde predominam pequenas propriedades rurais, se depara com uma paisagem bonita e diferente, povo educado, comida farta, boa e barata, cidades limpas, organizadas e floridas. Viajando pela área rural, tem-se a impressão de estar em algum lugar do continente europeu com estábulos típicos, construídos de madeira, vacas leiteiras com chifres, trabalho com tração animal e glebas reflorestadas. Quase todas as casas possuem jardins e hortas e, quando o relevo é ondulado, o clima favorável, os campos verdes na época do inverno, devido ao cultivo de aveia, trigo, trevo ou azevém, possibilitam uma visão inesquecível pela predominância do verde de diferentes matizes. Sempre existe a sensação de que se trata de uma região desenvolvida.

Os fazendeiros dessas áreas são considerados bons agricultores, conseguindo índices de produtividade significativos com milho, soja ou outras culturas. Utilizam sistema de plantio direto, práticas de conservação de solo e muitos mananciais são reflorestados. O grande destaque é, sem dúvida, a tradição na criação de suínos e de aves, atividades que exigem, além de tecnologia, também dedicação e envolvimento.

Como o trabalho nas propriedades é familiar, os resultados obtidos são significativos e as empresas que trabalham com integração descobriram o significado desse fato, quando procuraram outras regiões para o estabelecimento de unidades maiores. Como sempre acontece em qualquer exploração de animais domésticos com aplicação de tecnologia, os conceitos aplicados em todas as granjas são homogêneos e, com certeza, quem visita uma propriedade sabe exatamente como são as outras.

Diferenças na forma das construções, cor e tamanho podem ser observadas, mas as tecnologias fundamentais de manejo, alimentação, planejamento, tempo para terminação dos ciclos e índices de produtividade são bem conhecidas e aplicadas. Existe também noção de tamanho mínimo da exploração, custos de produção e os fatores que podem inviabilizar a atividade são reconhecidos e nunca se discute a validade dos princípios.

Um fato interessante é verificar a postura do agricultor com relação à pecuária de leite existente nas mesmas propriedades ou na região. O que se observa, com grande frequência, são características típicas de subdesenvolvimento como, por exemplo, cada fazenda tem um conceito ou uma proposta diferente, existe a procura da planta milagrosa, pois pastos bons são reformados para introdução de uma forragem lançada como possuidora de atributos excepcionais.

Além desses aspectos, é comum a atitude de se iniciar a atividade com poucos animais para, lentamente, aumentar o plantel e atingir um determinado nível anos depois. Essa proposta indica claramente que, como em outras regiões do país, a pecuária de leite não é considerada como atividade empresarial, pois existe a tendência de se testar ideias diferentes, começar pequeno para ver o que dá, e então, crescer, investir em instalações sem ter rebanho compatível e, sobretudo, desconhecimento de índices ou fatores que podem viabilizar a atividade. Pode-se caracterizar propriedades que utilizam práticas usadas em fazenda leiteiras da Europa no passado, como suplementação com forragem sem picar jogada nos pastos, bezerreiros em cômodos escuros e úmidos, manutenção de vacas vazias e secas no rebanho, alimentação sem noção de valor nutritivo, exigências nutricionais, etc. Além desses aspectos, não se tem noção de potencial ou do significado de estrutura de rebanho estável, fatos que dificultam o controle do processo produtivo, do fluxo de caixa e resultados econômicos satisfatórios.

Seria inadmissível começar uma criação de galinhas poedeiras, ou matrizes suínas comprando alguns animais e esperar os ovos e os leitões para aumentar o rebanho e testar informações desencontradas de como manejar. Se a atitude com suínos e aves é a de adotar princípios universais de tecnologia, por que então utilizar conceitos diferentes para a exploração leiteira?

DUAS ALEGRIAS

REVISTA BALDE BRANCO - Nº 458 - DEZEMBRO DE 2002

O sonho faz parte da natureza humana. As pessoas possuem a esperança de um dia conseguir alcançar o idealizado por longo período tempo. Ganhar na loteria como único acertador certamente faz parte do desejo secreto de muita gente, como também viabilizar com o dinheiro arrecadado, projetos um dia sonhados e todos os outros que surgirem como consequência das facilidades advindas da nova situação.

Todas as vezes que existe uma loteria acumulada, as filas nas lotéricas são imensas e a imprensa passa a perguntar aos apostadores sobre o que fariam com o prêmio. Com frequência, a compra de uma fazenda é mencionada como um dos projetos, quase sempre complementado com algumas vaquinhas de leite para dar suporte à manutenção da fazenda. Em outros casos, o desejo de ser fazendeiro existe latente em pessoas urbanas, que imaginam a possibilidade de viver uma experiência bucólica, diferente e agradável.

A ideia de que possuir e administrar uma fazenda pode ser interessante, agradável e lucrativa, mas é típica de uma sociedade que não tem tradição em agricultura e, mais que isso, de uma cultura na qual a posse da terra tinha no passado o poder de conferir 'status', riqueza e poder. A concepção ainda está presente nos dias atuais, apesar da perda de importância do meio rural pela rápida urbanização e industrialização do país.

O interessante é verificar que o desejo de posse não traduz, em nenhum momento, a preocupação com as dificuldades de exercer uma atividade difícil, complexa, incerta e trabalhosa. Parte-se do pressuposto de que tocar uma fazenda é uma atividade simples e que resultados podem ser obtidos sem esforço, dedicação e, sobretudo, que não existe necessidade de conhecimento específico para agricultura ou produção de leite.

Um fato que ilustra bem essa concepção foi o espanto de uma senhora urbana, mas de origem rural, que soube que nas escolas de ciências agrárias e veterinárias existiam cursos sobre produção de leite, porque para tal atividade não havia necessidade de estudos, já que seu avô e parentes foram produtores que obtiveram sucesso, sem nunca terem frequentado cursos sobre o assunto. A ideia foi completada com a afirmação de que as vacas sempre dão leite sem a intervenção do homem, sendo um fato natural e esperado, bastando, portanto, retirar o mesmo através da ordenha.

É fato comum a compra de terras de baixa fertilidade, apresentando propriedades físicas ou relevo inapropriados, solos difíceis de serem trabalhados por dificuldades de drenagem, afloramento de rochas, porque não existe a preocupação com o potencial produtivo da gleba. Certa vez, um indivíduo, que trabalhava com mineração, adquiriu uma fazenda e depois, querendo iniciar atividades produtivas, foi aconselhado por um técnico a encomendar um estudo detalhado da capacidade de uso do solo, e ficou surpreso ao saber que somente 20% da área eram adequados. Quando questionado sobre a decisão da escolha para compra, mencionou a localização, o clima e a paisagem, porque, em sua visão, para agricultura bastava a posse da terra. Ao ser perguntado sobre o que consideraria na aquisição de um terreno para sua empresa não agrícola, respondeu que usaria um estudo técnico antes da aquisição.

Para obter resultado em agricultura, é necessário considerar conhecimento técnico, mão de obra qualificada e administração eficiente como fatores essenciais para qualquer atividade empresarial, e a rural tem que ser considerada como tal. Nos países onde existe tradição de agricultura evoluída e o fazendeiro tem de viver do que obtém do solo, todos sabem que fazenda não é lugar de lazer, que o trabalho é difícil, os resultados incluem certo grau de incerteza e o conhecimento integrado da atividade é fundamental para o sucesso. No caso da fazenda leiteira, uma das mais difíceis e complexas de serem estruturadas e conduzidas, o conhecimento, a programação e a manipulação cuidadosa dos fatores produtivos são essenciais para a obtenção de resultados favoráveis.

Comprar terra não é difícil, basta ter dinheiro, vontade e encontrar um local que possa corresponder aos ideais acumulados ao longo dos anos. Entretanto, tocar uma fazenda, implantar uma atividade produtiva e lucrativa exige algo mais que um sonho, pois a realidade pode ser frustrante a ponto de criar um ditado popular: *"fazenda dá duas alegrias, uma na compra e a outra, maior e mais completa, na venda"*, que nem sempre é fácil de ser realizada.

ENXERGANDO A REALIDADE

REVISTA BALDE BRANCO - Nº 464 - JUNHO DE 2003

Foi surpreendente ouvir o representante máximo de um partido político, que sempre considerou os problemas brasileiros uma consequência do imperialismo ianque, do FMI[4], do protecionismo europeu e da agressividade tecnológica dos asiáticos, dizer, em visita à Exposição Internacional de Gado Zebu, *"que não se pode jogar a culpa de nossa incompetência histórica em cima dos outros"*. A revelação de uma análise não muito agradável foi, talvez, fruto do conhecimento de uma realidade anteriormente desconhecida, quem sabe desconsiderada ou mesmo escondida por motivos políticos.

De qualquer maneira, a frase tem o mesmo significado filosófico da declarada por um presidente norte americano, quando disse esperar que os cidadãos não perguntassem o que o governo poderia fazer por eles, mas, sim, o que todos fariam para ajudar o país, ou seja, que deveriam trabalhar no sentido de solucionar as dificuldades que sempre existem, sem encontrar um ou vários culpados para justificar o que não se resolve, por desconsiderar incapacidade ou falta de esforço próprio e coletivo.

O diagnóstico sobre as dificuldades do Brasil foi também inesperado porque a cultura brasileira, com frequência, procura enaltecer a potencialidade, deixando de lado a realidade dos fatos, o que cria a imagem do eterno país do futuro, que um dia será o que todos gostariam que fosse. Essa postura impede que os pontos de estrangulamento sejam detectados, analisados e soluções realistas, propostas. Assim sendo, as mazelas continuam apesar de se reconhecer que tudo poderia ser diferente do que isso que aí está.

Quando se associa um culpado com a visão ufanista do potencial, entende-se porque as coisas não vão para frente e o motivo de se manter escondidos, por qualquer que seja a razão, casos reconhecidos de distorções históricas, que se perpetuam ao longo dos anos. Não é fácil admitir que a responsabilidade

4FMI - Fundo Monetário Internacional - organização internacional criada formalmente em 27 de dezembro de 1945 com o objetivo inicial de ajudar na reconstrução do sistema monetário internacional no período pós Segunda Guerra Mundial. Sediado em Washington, D.C., Estados Unidos, atualmente a organização é composta por 188 países e trabalha para promover a cooperação monetária global, a estabilidade financeira segura, facilitar o comércio internacional, promover elevados níveis de emprego e crescimento econômico sustentável e reduzir a pobreza em todo o mundo.

deva ser atribuída também à ação desenvolvida com o passar dos anos pelas pessoas, pela instituição ou pelo governo. Para tanto é necessário humildade, conhecimento de causa e capacidade de análise desprovida de autocensura, o que cria condições para o equacionamento de ações para os problemas ou as dificuldades.

Por outro lado, é fácil apontar um ou vários culpados, para justificar o que não se resolve e, assim, não há necessidade, por falta de compreensão do que está acontecendo, de tomar decisões, trabalhar para corrigir distorções ou incompetências. A aparente tranquilidade por atribuir tudo o que acontece aos outros, leva à insatisfação, à angústia e ao sentimento de impotência para conseguir o objetivo perseguido, resultando, muitas vezes, no abandono do que foi construído, por não ser possível enxergar um caminho a ser trilhado no futuro.

A procura de responsáveis pelas dificuldades enfrentadas pelo setor leiteiro limita o equacionamento de soluções para eliminar o que parece ser eterno. Qualquer análise que mostre situações difíceis, problemáticas e permanentes é mal recebida e considerada inconveniente por dificultar a expectativa de eliminar o culpado do momento. Qualquer menção de medidas para elevar a eficiência, produtividade e até economicidade das fazendas tem sido encarada como manobra para dificultar a solução de um problema complexo, que parece simples, se o fator considerado de impedimento for eliminado.

Quando um bode expiatório desaparece, outro toma o seu lugar e as barreiras vão surgindo ao longo dos anos. A insatisfação permanente dos produtores de leite é um reflexo de se acreditar que algo fora do alcance da fazenda impede ações corretivas. Vários problemas já foram apontados como restritivos ao processo produtivo como preço, clima, tipo de gado, terras de baixa fertilidade, mão de obra escassa e despreparada, intervenção e falta intervenção do governo, laticínios, importações, 'dumping'[5], comerciantes sem fábrica, protecionismo europeu, leite longa vida, poder dos supermercados, valorização ou desvalorização do dólar, insumos, crédito subsidiado escasso, falta de programa governamental, cartel dos compradores, guerra de preço entre compradores, e até mesmo, cooperativismo.

O desejo de mudança para o país poderia ser estendido ao setor leiteiro, bastando para isso que as lideranças, os produtores e os demais segmentos da cadeia mudassem o discurso, sem abandonar a luta por condições melhores.

5Dumping - prática comercial que consiste em uma (ou mais de uma) empresa de um país vender seus produtos, mercadorias ou serviços por preço menor do que se cobra dentro do país exportador por um tempo, visando prejudicar e eliminar os fabricantes de produtos similares concorrentes no local, passando,

Admitir que o problema possa estar no todo ou em parte dentro da fazenda, na falta de estruturação do setor e nas análises distorcidas, daria início ao processo de renovação e esperança. Seria surpreendente e estimulante observar o setor leiteiro enxergando o que pode explicar a realidade.

HOTEL EM FAZENDA DE LEITE

REVISTA BALDE BRANCO - Nº 469 - NOVEMBRO DE 2003

Uma viagem pelas regiões montanhosas, que foram antigas bacias de leite, que no passado abasteciam os grandes aglomerados urbanos das cidades de São Paulo e do Rio de Janeiro, revela uma paisagem que dá uma sensação de abandono. Por muitos e longos minutos não se visualiza pessoas, casas habitadas, animais domésticos ou atividades agrícolas. Entretanto, a jornada é prazerosa porque a paisagem é muito bonita no relevo acidentado, com montanhas e vales, inúmeros cursos de água e maciços de matas, algumas com aparência de intocadas, apresentando palmitos e outras plantas em processo de extinção.

No período do florescimento do ipê, das quaresmeiras, das primaveras e de outras árvores que também apresentam flores, alguns recantos ficam deslumbrantes. Nas regiões mais altas, aparecem, às vezes, plantas isoladas ou pequenos bosques de araucárias, uma espécie que confere ao horizonte um panorama de rara beleza. De repente, em certas épocas do ano, pode-se ficar maravilhado com o verde intenso de culturas irrigadas como a batata, que quebra o tom amarronzado da paisagem e causa admiração aos habitantes das cidades. Talvez os momentos de maior beleza e emoção aconteçam no amanhecer e no entardecer, quando a silhueta das montanhas delineadas no colorido do céu, é complementada pelo gorjeio de inúmeros pássaros que habitam essas regiões, embalados por uma temperatura amena que oferece um clima de aconchego e paz.

Sob o ponto de vista da agropecuária, o panorama é desolador. Com um relevo irregular e inadequado para agricultura, as terras foram exauridas por atividades extrativas conduzidas por longos períodos, restando recursos forrageiros escassos e ruins. Pode-se verificar encostas declivosas sendo aradas 'morro abaixo' para simples replantio de espécies forrageiras rústicas, fato que provoca, além de erosão, perda considerável de solo. Como consequência,

então, a dominar o mercado. É um termo usado em comércio internacional.

ocorre grande assoreamento de cursos de água, represas e lagos, sem perspectivas de uma melhoria permanente das pastagens. A pequena lotação por área, a falta de aptidão leiteira dos rebanhos e a ausência de conceitos tecnológicos nas atividades agropecuárias resulta em baixa densidade de leite captado por quilometro, além de um produto de qualidade inferior, revelando um perfil que se mantém inalterado ao longo dos anos, sem perspectiva de mudanças.

As pequenas cidades que surgem no trajeto possuem aspecto de estagnação e, com frequência, se encontra latões à beira da estrada, pequenas carroças carregadas de leite e, até mesmo, equinos ou muares transportando os recipientes em cangalhas. Também com relativa frequência, se depara com pequenos laticínios, pois a pecuária é a única atividade que se adapta às condições de extrativismo em regiões de solos exauridos e relevo acidentado, onde o gado azebuado é aproveitado para produção de carne e, quando existe possibilidade, extração de leite, que é importante para garantir uma renda pequena, mas constante para os fazendeiros.

No passado, algumas regiões tiveram fama pela qualidade do gado, se constituíam em bacias leiteiras de destaque e tinham produtos lácteos famosos por sua qualidade e origem. Fazendas bem estruturadas e cuidadas ainda são encontradas, mas de maneira geral, a estruturação da atividade leiteira é deficiente e problemática pela pulverização, linhas de coleta deficitárias e a falta de conceitos tecnológicos aplicados aos modelos de produção tradicionais de uma grande área do país.

Se, sob o ponto de vista de atividades agropecuárias, as regiões descritas são problemáticas, difíceis de serem trabalhadas pelos aspectos de relevo e culturais, por outro lado são perfeitas para atividades de relaxamento e lazer. Por esse motivo, a proposta de exploração nessas regiões do chamado turismo rural tem crescido e criado condições para uma revitalização, não só das fazendas como também da abertura de novos postos de trabalho, um fator importante para uma região onde as oportunidades de emprego são escassas.

O clima de montanha, o berro dos bezerros e das vacas na madrugada, o cantar de carros de boi, as cachoeiras ou corredeiras, os passeios a cavalo e a comida típica proporcionam aos moradores da cidade um ambiente muito agradável. É lamentável que nos hotéis fazenda a produção de leite seja, muitas vezes, rudimentar, criando uma imagem pouco favorável por causa de ordenha inadequada, falta de higiene e, consequentemente, produtos de má qualidade. Seria um local adequado para promover a pecuária leiteira e o consumo de lácteos por indivíduos que, provavelmente, pensam ser o leite produzido no supermercado, onde existe disponibilidade, variedade e produtos melhores.

SUCESSÃO EM FAZENDAS

REVISTA BALDE BRANCO - Nº 479 - SETEMBRO DE 2004

A exploração de uma fazenda mista no Brasil, estabelecida no século XIX, em uma região que, no passado, era uma importante bacia leiteira foi capaz de garantir para uma família o sustento, a ampliação do patrimônio e a formação universitária de duas gerações de advogados, dentistas, médicos e professores, atividades sem nenhuma relação com a agricultura. O leite, produzido por animais azebuados com conceitos extrativos, sempre fora um dos pilares da formação da renda bruta, porque garantia fluxo de caixa numa região em que havia mercado e, sobretudo, tradição em pecuária.

Foi um período em que a criação de bovinos para leite era tranquila, pois não havia problemas trabalhistas e os empregados eram fiéis e dedicados. Muitos fazendeiros moravam nas fazendas e usavam a experiência acumulada por tentativas e erros, ao invés de tecnologia. Ser produtor de leite era motivo de orgulho e satisfação, mas a fazenda dependia de outras rendas, pois a produção e a produtividade eram baixas.

Segundo o relato dos mais velhos, não havia carrapatos, doenças infecciosas como a febre aftosa devido ao fato de não haver trânsito de animais, e nem mesmo o capim-gordura, que, no início do século XX, entrou na região e passou a ser considerado nativo, além de provocar uma verdadeira revolução, porque suas características foram consideradas favoráveis para a pecuária leiteira.

Com o passar dos anos, a urbanização do país tirou o fazendeiro do campo e exerceu uma influência marcante sobre os descendentes dos antigos proprietários que, formados em profissões para serem exercidas nas cidades, perderam o interesse pelo meio rural. A história terminou quando se chegou à conclusão de que, dos inúmeros herdeiros, poucos queriam manter a fazenda, que, então, foi vendida para uma pessoa cuja renda era de origem urbana e almejava a posse das terras como investimento, e não prioritariamente por seus produtos, principalmente, o leite, que era considerado pouco atrativo.

A continuidade de fazendas produtoras de leite por descendentes de fazendeiros que mantiveram com satisfação e interesse o trabalho de seus ancestrais continua sendo um problema em todos os países, por se tratar de atividade trabalhosa e difícil, que exige mais do que o simples desejo de tocar adiante um negócio que foi estabelecido há muito tempo. No mundo desenvolvido, a solução, apesar de traumática para muitos produtores que estão com idade avançada, é simples, pois a venda é feita para quem quer continuar no setor, mantendo ou ampliando o que já existe, quando os descendentes preferem trocar a vida do campo por novas oportunidades nos centros urbanos.

Entretanto, em nosso país, por falecimento do fazendeiro ou impedimento devido à idade avançada ou alguma doença, a propriedade passa a ser conduzida por pessoas que não têm formação para o gerenciamento de uma atividade complexa e difícil. Os herdeiros, que vivem e trabalham nas cidades, percebem que o prazer de passar o fim de semana ou parte das férias na fazenda é substituído por aborrecimento e pela necessidade de desembolsar recursos da renda urbana para pagar as despesas da atividade. Pode surgir assim, o fim de uma fazenda leiteira que, por várias gerações, foi a base da economia familiar.

A complexidade da sucessão ocorre quando existe a tentativa de manter a atividade por motivos sentimentais, sem haver uma estrutura de administração ou controle, por falta de tempo, interesse ou mesmo, desconhecimento. Delegar decisões para empregados, mesmo os de confiança, pode levar à utilização de conceitos errados, que estão arraigados à cultura do subdesenvolvimento e desvinculados de racionalidade ou princípios técnicos.

A utilização de capineiras passadas, o emprego de quantidades exageradas de concentrados, rebanhos desestruturados, bezerros subnutridos e novilhas com desenvolvimento abaixo do recomendado são problemas facilmente caracterizados. Uma produção de leite decrescente com o passar do tempo, custos operacionais maiores do que as rendas e a venda de animais somente para abate, para não haver perdas maiores de leite, são fatores que criam uma perspectiva desanimadora e de difícil solução para quem não é do ramo.

Quando não existe a perspectiva de continuidade do trabalho e de interesse real pelo setor, a atitude mais sensata é a venda da propriedade, antes que a desestruturação promova perdas e, sobretudo, a depreciação do valor das terras e dos animais pelo aspecto de abandono, que leva à necessidade de investimentos, muitas vezes, de grande porte, para recuperar o que foi degradado pela falta de gerenciamento da fazenda leiteira.

DEFICIÊNCIA TECNOLÓGICA

REVISTA BALDE BRANCO - Nº 480 - OUTUBRO DE 2004

Muitas pessoas ficam preocupadas, e com toda razão, ao observar a retomada de práticas que haviam sido abandonadas no passado, indicando retrocesso ou criando problemas para o planejamento futuro da pecuária leiteira, jogando por terra esforços concentrados para a tecnificação da atividade. Sem dúvida, movimentos que surgem e, pouco a pouco, vão se avolumando pela adesão espontânea ou propaganda dirigida são preocupantes e prejudiciais para uma expectativa de curto ou médio prazo, mas não devem ser levados a sério, porque uma das características de atividades executadas sem a aplicação de conhecimentos técnicos ou embasamento científico é a existência de ciclos característicos e crônicos.

Quando o 'eu acho' substitui o 'saber', as práticas e os conceitos surgem e desaparecem, porque os resultados proclamados e esperados não acontecem por falta de embasamento. Depois de certo tempo, que pode ser curto ou longo, a ideia supostamente inovadora aparece novamente, muitas vezes, repetindo o passado, mas não se sustenta. Um exemplo bem característico dessa problemática pode ser a preocupação que existe entre técnicos do setor, quando visualizam um touro Nelore cobrindo vacas Holandesas. Em décadas passadas, o movimento surgiu e se expandiu tanto, que até encontraram um nome para caracterizar o mestiço, chamado de 'nelorando', porque existia a expectativa de criação de uma raça mista, boa para leite e corte.

A ideia de 'fixação' de uma raça mista, rústica para suportar condições inadequadas do meio, por intermédio de cruzamentos dirigidos não é nova, mas se renova sempre, de maneira que, periodicamente, se encontra na mídia algum nome sugestivo para divulgar animais descritos como aptos para a dura tarefa de resistir à subnutrição, às doenças, aos estresses, e ainda dar leite. Sem muito esforço de memória, seria possível citar um número considerável de raças que foram 'criadas' no Brasil e desapareceram.

O interessante dessa história, de final previsível, é que em várias regiões do mundo desenvolvido, a mesma ideia foi colocada em prática (Estados Unidos e Israel são exemplos) num passado remoto, mas deixou de existir quando o conhecimento científico se avolumou e mostrou que era mais fácil, rápido e efetivo melhorar o ambiente do que o animal.

Outro fato que de tempos em tempos estimula a mídia, anima os criadores, beneficia poucos, mas na realidade cria certo problema para o setor é a supervalorização de fêmeas, porque esse fato deturpa o objetivo fundamental da atividade, que é a produção de leite. Venda de animais é importante e representa, no mundo todo, cerca de 10 a 15% do total da renda bruta, mas, sob o ponto de vista zootécnico, o animal tem que ter um valor compatível com sua produção, se o objetivo for produzir leite.

Ensinamentos clássicos sobre produção de leite alertavam os fazendeiros para o fato de que o investimento em vaca leiteira deve ser igual ao valor da renda gerada pela quantidade de leite obtida na lactação e da bezerra produzida (teoricamente, se considera meio animal pela possibilidade de nascimento de macho), propiciando um retorno líquido favorável. Quando o enfoque passa para a ser o animal, invariavelmente, surge a valorização de características que não são correlacionadas com produção eficiente, como as referentes ao tipo e à genealogia, em detrimento de outras que possibilitam à fazenda pagar os custos operacionais 'com folga', vendendo leite, fato que coloca a empresa em seu objetivo fundamental.

Numa retrospectiva do que aconteceu no país nas últimas décadas, revela que fêmeas de várias raças ou tipos tiveram momentos mais curtos ou longos de glória, e que, no final, o mercado se estabilizou. Um fato que aparentemente parece vantajoso e inofensivo pode prejudicar pelo uso de critérios irracionais. A compra de sêmen de touros fortemente negativos para leite, mas bons para tipo, aconteceu em escala relativamente grande num passado não muito distante e, até hoje, é possível detectar características de persistência baixa de produção em algumas de suas descendentes. O uso de reprodutores campeões, por apresentarem bom tipo e pelo fato de serem 'adaptados' às condições do país, já ocorreu no passado em fazendas de projeção, e volta agora, em outras que criam animais diferentes, até o ponto em que os resultados não aparecem.

Permanecer na realidade, sem volta ao ciclo da irracionalidade, só acontecerá se existir a sedimentação de concepções técnicas no setor leiteiro.

CONCEITOS NOVOS PARA PRODUÇÃO

REVISTA BALDE BRANCO - Nº 493 - NOVEMBRO DE 2005

As atividades agropecuárias se profissionalizaram com a Revolução

Industrial, quando houve migração maciça de pessoas para as cidades. Os que ficaram no campo assumiram o desafio de alimentar comunidades que não sabiam produzir alimentos e, com o passar dos anos, se transformaram em consumidores cada vez mais exigentes.

A permanência da população rural estava, como ainda está, na dependência de ganhos compensadores para a sobrevivência econômica, pois os setores de indústria e serviços sempre foram bastante atrativos, não só sob o ponto de vista financeiro, como também por trabalho mais leve, sem riscos. Atualmente, nos países desenvolvidos, uma parcela diminuta da população é capaz de garantir a sobrevivência dos cidadãos urbanos, porque ganham dinheiro. Como em qualquer atividade, a mola propulsora do produtor de alimentos é o lucro.

No final do século XIX, se anteviam dificuldades sérias para alimentação da humanidade e, até o fim da Segunda Guerra Mundial, havia o temor de que a explosão do crescimento populacional, estimulado por redução de mortalidade infantil e longevidade, poderia criar dificuldades sérias para a disponibilização de alimentos. O desenvolvimento científico-tecnológico possibilitou uma verdadeira revolução e mudanças na percepção do problema, que hoje se sabe ser mais de distribuição que produção de alimentos.

O expressivo desenvolvimento das atividades rurais ocorreu porque a ciência permitiu o desenvolvimento genético de plantas muito diferentes das que se encontravam na natureza, mais produtivas, nutritivas e cultivadas em monocultura. Também os animais foram melhorados e, por causa da especialização, não teriam possibilidade de viver como no passado, livres e se alimentando do que a natureza oferecesse. Correção do solo, uso de adubos, defensivos e pesticidas também contribuíram para que poucos fossem capazes de alimentar bem o restante da população.

Membros bem nutridos da sociedade moderna, principalmente na Europa, estão preocupados com qualidade, segurança e com a maneira como os alimentos são produzidos. Os consumidores têm expectativa de que os animais sejam tratados com compaixão e bem estar, sob o ponto de vista humano, e que a pastagem seja conduzida de acordo com uma visão ambiental diferenciada. Surgem proposições sobre o papel dos pastos para preservação do ambiente e dos animais, e afirmações de riscos ambientais sérios com uso intensivo das glebas, sendo o pastejo rotacionado considerado agressivo por restringir a movimentação e tirar do bovino a possibilidade de escolha, por uso de uma só espécie forrageira num ambiente artificial criado pelo ser humano e considerado por ele, e não pelo animal, como adequado.

O lucro deve ser encarado simplesmente como um dos objetivos, pois biodiversidade de plantas e animais, sequestro de carbono, qualidade do ar e da água, organismos simbióticos e paisagem bonita para urbanos são fatores fundamentais no manejo das pastagens. A palavra de ordem passa a ser: importante não é quanto se produz, mas como se produz, mesmo admitindo que alguns conceitos levem à redução da produção e investimentos altos para adaptação das fazendas.

Torna-se difícil para fazendeiros fora da Europa entenderem que produção não seja o objetivo principal e que práticas consideradas artificiais como desmama precoce, confinamento, vermífugos, promotores de crescimento, etc., mesmo que aplicadas com critério cientifico, sejam danosas e que devam ser revistas. Para entender a nova proposta, deve-se analisar a história do setor agrícola europeu. Depois da Segunda Guerra Mundial, houve notável progresso tecnológico na agricultura, tanto nos Estados Unidos como na Europa, mas nesta, a estrutura produtiva de empresa familiar de policultura era pouco eficiente, apresentando custos de produção não competitivos.

Havia também a necessidade de se assegurar um padrão de vida adequado para a população rural, pois a migração para os centros urbanos era considerável. Criaram-se, então, políticas de preços elevados, barreiras de importação e subsídios diretos e indiretos que garantiram continuidade, autossuficiência em quase todos os alimentos e também excedentes agrícolas para exportação com preços subsidiados. Atualmente, se admite redução da produção havendo compensações substanciais em dinheiro para as perdas, seja por parte do consumidor e/ou do Estado. Neste cenário, o manejo ecológico proposto para os pastos faz todo sentido e não interfere com o padrão de vida do agricultor.

As ideias estão sendo introduzidas no Brasil, mas deve-se ponderar que a conjuntura do país requer produção elevada de alimentos baratos, garantia de renda para o campo, além de práticas conservacionistas sem componentes poéticos, pois a realidade é outra. Recursos para subsídios inexistem, o potencial poluidor da pecuária é pequeno e a superlotação dos pastos não é problema real. O foco atual deve estar centrado na introdução de tecnologia, como ocorreu no passado europeu.

ONDE PRODUZIR LEITE?

REVISTA BALDE BRANCO - Nº 500 - JUNHO DE 2006

Nas últimas décadas, o Brasil tem sido reconhecido como um país que apresenta condições muito favoráveis para agricultura, mas nem por isso todas as potencialidades são conhecidas ou foram exploradas adequadamente. Possuindo um território vasto e condições climáticas bastante diversificadas, existe possibilidade de desenvolvimento de regiões ainda desconhecidas, pois grande parte dos recursos está subexplorada, e nem sempre são empregados processos de intensificação da produção por desconhecimento de conceitos técnicos. Esse fato possibilita a compra de fazendas a preços relativamente baixos, considerando o valor relativo ao observado em regiões mais evoluídas, onde o valor é sempre caracterizado pelo potencial produtivo.

Para a bovinocultura leiteira, a produção crescente de grãos e resíduos industriais possibilita o uso de suplementos alimentares a preços razoáveis, e a boa disponibilidade de recursos hídricos, considerados os maiores do mundo, cria perspectivas para o estabelecimento de agricultura programada, pela possibilidade do controle sobre a disponibilização de água nos períodos desejáveis do ciclo agrícola. O conhecimento científico é amplo e existem técnicos capacitados a promover o desenvolvimento. Além de todos esses aspectos, considera-se que seja uma das poucas nações que ainda possuem fronteiras agrícolas para expansão.

Na região Sul, a possibilidade de se utilizar forragens temperadas em duas estações do ano e tropical, nas outras, é uma realidade aplicada com resultados comprovados em termos de uso racional do recurso solo, e também, animal. No Sudeste, a proximidade dos grandes mercados, a infraestrutura e o aproveitamento de áreas não procuradas pela cana-de-açúcar e pela laranja, podem revelar microrregiões surpreendentemente favoráveis, como, por exemplo, grandes várzeas sistematizadas do Sul de Minas ou terras no Sul do Estado de São Paulo. O Centro-Oeste pelo relevo, pelo desenvolvimento na produção de grãos, pelo clima e pelo espírito empreendedor dos agricultores, é reconhecido como região agrícola por excelência. O Nordeste possui potencial latente imensurável, revelando terras férteis, relevo favorável e clima árido que oferece condições excepcionais para produção de leite, como atestam sistemas estabelecidos em diferentes regiões do mundo. No Norte algumas áreas se mostram promissoras e revelam crescimento acelerado. Enfim, encontrar local de boa potencialidade no território brasileiro é uma simples questão de procurar o adequado para o estabelecimento do sistema escolhido.

Considerando todas as vantagens e potencialidades, torna-se fácil entender o interesse crescente de pessoas ou grupos estrangeiros em realizar investimentos no país, visualizando um futuro promissor e oportunidades de participar do desenvolvimento do setor agrícola para a produção de alimentos destinados ao mercado nacional e ao internacional. Para o caso da produção do leite, existem atrativos, pois o potencial existe e a possibilidade de desenvolvimento é grande, considerando os baixos índices de produtividade que se perpetuam no tempo. Entretanto, não é fácil apontar onde deveria ser montada uma fazenda tecnificada, nos moldes das encontradas nas regiões desenvolvidas, pois o potencial isoladamente não garantirá o sucesso da empreitada, já que outros fatores que interferem com os sistemas produtivos também devem ser cuidadosamente analisados. Por esse motivo, se torna muito importante caracterizar os fatores limitantes existentes ou latentes que possam afetar a atividade agora ou no futuro.

O potencial de risco de invasões de fazendas produtivas com depredações, violência e imobilidade das autoridades, fatos desconhecidos em países civilizados, onde a lei garante os direitos individuais e de propriedade, podem limitar a escolha de glebas onde os conflitos ocorrem com frequência. Regiões promissoras devem ser observadas com cuidado, pela possibilidade de ocorrência de surtos de aftosa, fato que poderá criar barreiras intransponíveis para a comercialização. Deficiências na infraestrutura de estradas, disponibilidade e estabilidade de energia elétrica, assistência técnica para manutenção de máquinas e equipamentos são fatos corriqueiros. Inexistência de mão de obra especializada pode ser problema complexo e de difícil solução. A comercialização é outro ponto importante a ser estudado, pois o número reduzido de compradores ou empresas que não oferecem garantia de pagamentos regulares se torna fator limitante em áreas promissoras e com vários atrativos.

No aconselhamento ao investidor estrangeiro, que procura se inteirar da realidade, percebe-se que o produtor brasileiro convive com dificuldades estruturais complexas, inexistentes em outros países, talvez por não conhecer outra realidade, ou por ter aprendido a vencer obstáculos, nadando contra a correnteza, sem a certeza de contar com soluções em curto prazo, por viver num ambiente desestruturado sob o ponto de vista político, jurídico, social e econômico.

OPÇÃO PELO LEITE ORGÂNICO

REVISTA BALDE BRANCO - Nº 503 - SETEMBRO DE 2006

A procura pelos alimentos denominados orgânicos tem aumentado em todo o mundo, principalmente, nos países desenvolvidos, onde os consumidores estão dispostos a pagar mais pelo produto certificado. Também no Brasil a tendência é observada e, por esse motivo, pode se tornar uma opção, se existir mercado que valorize o alimento ou produtores que se dediquem à atividade, acreditando ou cultuando os princípios filosóficos que definem a concepção de uma forma diferenciada de conduzir a fazenda.

O que diferencia a produção orgânica da convencional é a maneira como o leite é produzido, e não o produto final, pois o leite é sempre um alimento de grande valor nutritivo, que, por força da legislação em todo o mundo, deve-se mostrar livre de resíduos ou substâncias estranhas. Contaminações do leite com bactérias, produtos químicos ou conservantes não são admitidas também na produção convencional e são resultantes de problemas de manejo inadequado ou de fraudes comuns nos produtos informais comercializados sem controle.

Os fundamentos que regem a produção de leite orgânico no mundo são rígidos e necessários para certificação. Por exemplo, o gado só pode consumir alimentos identificados como orgânicos, ao mesmo tempo em que se devem manter os princípios estabelecidos como importantes para o bem estar animal por técnicas de manejo, espaço adequado e exposição ao sol. Existem restrições ao uso de produtos químicos, remédios, pesticidas e adubos nitrogenados. A produção orgânica deve também ser conduzida visando à proteção do solo, à reciclagem de nutrientes para manutenção da fertilidade, aos cuidados com a contaminação da água e a preservação da paisagem rural, aspecto considerado muito importante na concepção europeia.

Como consequência do estabelecimento de regras, se torna inevitável que algumas dificuldades ocorram. Existindo restrições ao uso de adubos nitrogenados, os pastos passam a depender da presença de leguminosas e, mesmo na Europa, a associação e a manutenção de trevos são consideradas difíceis. A fertilidade do solo pode ser mantida por uso de produtos orgânicos, como compostos ou adubo verde, mas em certas regiões, há necessidade de correção com calcário, além de deficiências sérias de macro e micro nutrientes. Existem os adubos proibidos, os de uso restrito e os permitidos, e suas aplicações devem se conduzidas de acordo com as normas.

A manutenção de níveis adequados de nutriente no solo é fundamental para elevar a produtividade das plantas e garantir fixação de nitrogênio, por meio da leguminosa. É importante considerar que, havendo produção de leite, ocorre grande exportação de nutrientes, e o monitoramento e a reposição devem ser garantidos. Por exemplo, a venda de 1.000 litros de leite remove do sistema cerca de 7 kg de minerais, sendo 1,0 kg de fósforo, 1,2 kg de cálcio e 1,3 kg de potássio, fato que exige reposição para que deficiências não ocorram, prejudicando a produção de alimentos para o rebanho. Deve-se considerar também, a venda de animais no processo de exportação de nutrientes.

Os fundamentos básicos para a produção de leite orgânico não podem ser diferentes dos utilizados por métodos convencionais, ou seja, os animais devem ser nutridos, mantidos em conforto e saudáveis, para que possa ocorrer eficiência no processo produtivo e nos resultados econômicos. Assim sendo, o manejo deve ser orientado no sentido de reprodução normal, crescimento adequado de novilhas e descarte involuntário baixo, indicando condições apropriadas de trabalho. Entretanto, pode-se esperar redução significativa na taxa de lotação das pastagens e na produção, se forem usados animais especializados em sistemas intensificados, além de áreas e rebanhos maiores para manutenção de um determinado volume da produção, problema crítico na Europa, devido a cotas fixas para produção. Pode haver também necessidade de aumento de mão de obra.

Admite-se que a comercialização formal pode ser problemática, se o volume regional não for significativo para o estabelecimento de linhas de captação, e que as reduções de produtividade devem ser compensadas por ganhos proporcionais na venda. A opção para produção orgânica pode ser alternativa interessante para atender a um mercado que deseja consumir leite produzido dentro de princípios estabelecidos por convenções que atraem habitantes dos grandes centros urbanos em todo o mundo, mas exigirá do produtor consciência para solucionar fatores limitantes impostos pelos critérios estabelecidos e manter um sistema de produção que seja rentável.

POTENCIAL DE PRODUÇÃO NÃO É TUDO

REVISTA BALDE BRANCO - Nº 515 - SETEMBRO DE 2007

Produtores, técnicos e executivos de empresas do exterior estão visitando o Brasil para analisar o setor leiteiro, pensando em investimentos, possível competição no mercado internacional e oportunidades para negócios. Chegam com informações sobre volume produzido e posição entre os maiores produtores do mundo, taxas anuais de crescimento e com a visão amplamente difundida de que ainda existe um vasto campo para expansão.

A concepção distorcida que prevaleceu por vários anos, de que a atividade não seria um bom negócio sob o ponto de vista econômico, não faz parte da bagagem, porque o fato não é mencionado quando se procura informação de regiões para o estabelecimento de fazendas para produção de leite, nem a possibilidade de ficar em desvantagem na competição com outras atividades.

É inegável que existe, hoje, no mundo, interesse e curiosidade sobre a produção brasileira. Entretanto, os visitantes chegam cheios de dúvidas, que esperam ser esclarecidas para melhor entendimento da realidade do que ocorre no país e o que esperar para o futuro, pois a visão otimista não combina com alguns dados contraditórios.

O questionamento mais frequente diz respeito ao fato de o Brasil não conseguir aumentar a produtividade média do rebanho com o decorrer do tempo para níveis aceitáveis, numa época de grande avanço tecnológico em todos os setores agrícolas. Quando não se usa porcentagem, mas, sim, valores absolutos, os incrementos são modestos e as quantidades inaceitáveis, indicando que fatores desfavoráveis estão presentes, com influência marcante sobre a imagem da pecuária leiteira. O panorama parece confuso porque algumas fazendas produtivas rentáveis e bem estruturadas são encontradas em todas as regiões, ao lado de inúmeras que usam práticas características de períodos remotos da história.

No passado, propriedades bem administradas serviram de estímulo para que ocorresse desenvolvimento regional rápido da pecuária leiteira nos países desenvolvidos, pois o objetivo era o estabelecimento de um bom negócio no meio rural. O lucro, a evolução e o crescimento estimularam a adoção de tecnologia e, com isso, a obtenção de produtividade média elevada no rebanho leiteiro. Por que o modelo parece não funcionar no Brasil?

É difícil entender porque razão a produtividade de algumas atividades agrícolas brasileiras é equivalente ou melhor do que as obtidas em regiões do mundo que foram, no passado, líderes, e, hoje, se sentem ameaçadas ou sofrem competição real. Apesar de estarem bem situadas, revelam evolução constante porque existe tecnologia disponível para incrementar não só a produção, como também a produtividade.

Para o caso da produção de leite, o conhecimento tecnológico é igualmente amplo e disponível, mas dificilmente são encontrados sistemas que obtenham aprovação numa avaliação criteriosa de uso efetivo dos recursos produtivos existentes e, portanto, de produtividade. As ênfases dadas ao volume produzido, à média diária das vacas em lactação e à utilização de práticas consideradas de ponta distorcem a visão de análise em função de um potencial instalado, mas não utilizado.

A concepção de 'alta' tecnologia por existência de instalações suntuosas, máquinas e equipamentos modernos, gado registrado e outras características de sofisticação, em vez de sistema intensificado, dificulta a difusão de conceitos corretos, pois tecnologia parece estar associada à riqueza. Pergunta-se, porque existe uma aparente resistência à melhoria na produção e produtividade, levando à perpetuação de conceitos medievais como ordenha manual com o bezerro, vacas sem persistência de produção, pastagens em solo inférteis e taxas reprodutivas inaceitáveis, se o que deveria ser feito é conhecido?

Existe curiosidade sobre a marcha do leite para regiões de clima quente e úmido, baixa densidade populacional, infraestrutura rudimentar, distantes centros de consumo, onde as fazendas têm características de exploração de bovinos para abate. Municípios sem nenhuma tradição em pecuária de leite ocupam hoje posição de destaque em volume de produção, porque apresentam número grande de cabeças, com produtividade por vaca do rebanho por ano menor que 700 litros. As taxas de crescimento em porcentagem promovem euforia, mas aumentos pequenos sobre uma base diminuta resultam em valores surpreendentes. Haverá expansão real da atividade como ocorreu na região Centro-Oeste, com o estabelecimento de laticínios e aparecimento de grande número de fazendas chamadas leiteiras?

Qual o futuro do leite no Brasil? Como promover a expansão fora da fronteira agrícola? A produtividade do rebanho por ano poderá ultrapassar a barreira do subdesenvolvimento? Haverá leite suficiente para atender ao consumo interno e possibilitar a exportação de quantidades significativas? Responder que o potencial é grande não atende às expectativas, porque é fato reconhecido e não contestado.

UM PESO, DUAS MEDIDAS

REVISTA BALDE BRANCO - Nº 522 - ABRIL DE 2008

A importância da agropecuária é reconhecida e, cada dia mais, o setor revela sua essencialidade para a economia e a geração de empregos diretos e indiretos, contribuindo, assim, para o desenvolvimento do país. Por outro lado, parecem existir certos preconceitos que se perpetuam, e alguns problemas mencionados com frequência na mídia, que não são típicos da atividade, adquirem conotação de exclusividade das propriedades rurais. O trabalho escravo, por exemplo, pode ser encontrado também nas cidades, onde trabalhadores sem qualificação são explorados, mas nem por isso a ação policial recebe o destaque que se dá quando o problema é detectado no meio rural, ocasião em que aparecem notícias na televisão e ocorrem manifestações veementes das entidades religiosas e dos chamados 'movimentos sociais' daqui e do exterior.

O termo latifúndio tem significado pejorativo de proprietário de grande área agrícola, mesmo sendo produtiva, sugerindo concentração de riqueza no meio rural, mas no urbano, não existem termos depreciativos para grandes empresários, nem movimentos organizados para reforma empresarial. O tratamento diferenciado, dado ao meio rural, aparece com mais clareza e intensidade quando se considera o trabalho infantil, uma ocorrência inadmissível, que pode prejudicar as crianças, mas o problema existe tanto no ambiente urbano como no rural dos países em desenvolvimento, pois a renda familiar de grande parte da população é muito pequena, e as crianças são usadas para ajudar na subsistência da família.

A lei brasileira é clara, especificando que nenhuma criança pode trabalhar em atividade econômica. Por isso, pequenos agricultores têm sido admoestados porque os filhos os auxiliam em atividades rurais, pois a participação de toda a família é importante para a condução de um meio de vida característico e milenar. Um sitiante foi chamado na promotoria pública porque houve denúncia de que seu filho ordenhava vacas. O homem simples do campo contra argumentou, dizendo que o garoto não estava trabalhando, porque não recebia pagamento, e, sim, auxiliando a família. Mesmo atestando que o filho frequentava a escola e era bom aluno, foi ameaçado com abertura de processo e prisão. Numa outra situação, fiscais do Ministério do Trabalho, flagraram um garoto dirigindo um trator para levar ração para o gado, e o pai recebeu ameaças, apesar de o jovem frequentar a escola. Foi alertado, em tom veemente, de que se usasse novamente o veículo seria punido. Nos dois casos reais relatados, os garotos gostavam do que faziam e apreciavam a oportunidade de aprender a lida no campo, fato considerado importante para o desenvolvimento da agricultura em qualquer local do mundo, pois o jovem está em processo de aprendizagem, que será de utilidade no futuro.

Quando se analisam textos referentes ao tema 'trabalho infantil', são encontradas algumas exceções, sendo citado o caso de auxílio ao trabalho dos pais no cuidado da casa ou de pequenos negócios. Argumenta-se que se o trabalho for feito pela criança da família, como parte de tarefas educativas, ajudando os pais em rotinas necessárias ao meio da vida da família, a atividade não é considerada ilegal. O trabalho infantil é definido como toda forma de trabalho em qualquer atividade econômica, exercida para terceiros em troca de pagamento e de forma sistemática. Os fatos relatados para as fazendas não poderiam ser enquadrados nas exceções, ou o meio rural é diferente? Seria a atividade rural desumana ou aviltante?

O trabalho infantil na condição urbana parece ter uma conotação diferenciada e privilegiada em relação à legislação. Crianças que participam de novelas e filmes e recebem salários, por acaso, também não estão trabalhando? E quando participam de desfiles de moda, de anúncios para a venda de produtos e outras atividades de marketing? Quando se faz uma convocação visando à escolha de crianças para formar um elenco para espetáculo de televisão ou cinema, as crianças entrevistadas dizem que querem trabalhar para ganhar dinheiro. Será que a atividade urbana de entretenimento é mais nobre, garante frequência e melhor desempenho escolar ou tem caráter mais educativo e maior importância para a vida futura?

A agricultura familiar foi base para o desenvolvimento da produção de leite de todos os países desenvolvidos. Textos publicados, fotografias, visitas e conversas revelam que, em países evoluídos, as crianças sempre ajudaram os pais, sendo o fato considerado importante para a formação do caráter e aprendizado da essencialidade do trabalho. Não havendo abuso, a participação dos jovens teria, sim, significado educativo. Se uma punição fosse imposta aos pais que não mantém os filhos na escola, haveria condição para modificar os preconceitos sobre a atividade rural, que não é degradante como se considera. Se esse critério pudesse ser adotado, tanto na roça quanto na cidade, o descaso pela educação teria um só significado e deixaria, assim, de existir um peso e duas medidas.

FAZENDA ABANDONADA

REVISTA BALDE BRANCO - Nº 523 - MAIO DE 2008

A paisagem rural é atrativa, desperta sentimentos de paz e tranquilidade e confere ao ambiente uma beleza singular devido à visualização de cores diferentes em um relevo que se modifica a cada instante. Caminhar, andar a cavalo, trafegar por rodovias em regiões agrícolas, despertam curiosidade e um sentimento de bem estar e paz interior.

Quando alguns ambientalistas propuseram, em um artigo publicado em revista para agricultores, a eliminação da produção de leite em uma região da Alemanha, argumentando que seria mais interessante a importação, com o objetivo de eliminar a poluição da água do subsolo por dejetos, houve reação por parte dos habitantes das cidades.

A contra argumentação teve como base o desaparecimento de uma atividade milenar que faz parte da cultura do norte da Europa e a modificação da paisagem rural pela eliminação das vacas pastando ao amanhecer e ao alvorecer, o que complementa a paisagem dos campos e oferece aos visitantes uma visão agradável e insubstituível. A proposta não foi aceita, as fazendas leiteiras não foram abandonadas e continuam embelezando o cenário das rodovias que cortam os campos daquela região.

Os saudosistas que viajam por estradas rurais de regiões leiteiras tradicionais dos Estados Unidos ficam consternados pela visualização, do que havia sido no passado, pequenas fazendas leiteiras, hoje, caracterizadas por estábulos tradicionais em ruínas, cores desbotadas ou madeira enegrecida pelo tempo. A tradição de pintar estábulos com vermelho característico começou no início do século XIX e faz parte da cultura do meio rural americano, conferindo mensagem de vida e prosperidade.

Por isso, encontrar instalações com cores desbotadas, tábuas quebradas e telhados danificados significa que a produção de leite parou. Os campos continuam sendo explorados com culturas, mas as instalações que outrora fizeram parte de uma proposta de vida conferem agora ao ambiente rural um aspecto de tristeza, e os viajantes deixaram também de apreciar os rebanhos colorindo a paisagem verde na época quente, ou branca, no inverno.

Quando existe liquidação de plantel no Brasil, as instalações remanescentes se transformam numa espécie de cicatriz que permanece na fazenda representando a desilusão e a falta de perspectiva que existiu em algum momento do passado. Com o decorrer dos anos, os prédios se deterioram, as máquinas ficam enferrujadas e cheias de poeira, e qualquer visitante percebe que o ambiente perdeu a energia característica da movimentação e dos sons emitidos pelos animais, funcionários e máquinas. Tem-se a perfeita ideia do significado de abandono, mesmo que outras atividades tenham sido introduzidas e obtido sucesso.

O mesmo sentimento surge para os que trabalham com bovinos, quando visualizam no meio do canavial que avança sobre os pastos de fazendas de gado de corte, um curral isolado e vazio, esperando o desmanche que certamente virá para o melhor aproveitamento da área e da instalação. Nesse caso, a cicatriz será eliminada e, em pouco tempo, as atividades do passado serão esquecidas.

De todas as sensações de abandono, a mais chocante e desagradável é a que não se observa de longe, não descaracteriza a paisagem rural, mas existe em inúmeras fazendas leiteiras espalhadas não só no Brasil como também em outras partes do mundo. Da porteira para dentro, visitando a propriedade, se depara com lixo acumulado, montes de ferro velho perto da sede, pedaços de sacos plásticos misturados à lama ou movimentados pelo vento nos pastos, ranchos de sombra caindo, cercas sem conservação com arames soltos, lascas podres ou quebradas e máquinas sem conservação ou danificadas.

Este cenário é um reflexo do estado de espírito do proprietário que trabalha sem ânimo ou convicção e, por isso, não está satisfeito com o que faz. A desculpa de falta de tempo ou carência de mão de obra pode ser questionada, porque existem fazendas muito semelhantes em que se vislumbra outro cenário. Com frequência, em situações como as descritas, se observa também animais com problemas de casco, mortalidade elevada de bezerros, condição corporal inadequada das matrizes, produção baixa por vaca do rebanho e resultado econômico insatisfatório. Na realidade, o abandono reflete um sentimento de desânimo do fazendeiro, transformando uma atividade atrativa e bonita em um cenário desagradável de ser apreciado, em qualquer lugar do mundo.

Fazendas com aparência de abandono se modificam, quando um trabalho técnico bem estruturado consegue mostrar possibilidade de resultados econômicos favoráveis. Este fato acontece porque a autoestima é recuperada, a atividade passa a ser vista como boa, existe perspectiva de melhoria e, com isso, a vitalidade da exploração de leite pode ser encontrada em sua plenitude. Inúmeros casos de recuperação podem ser vistos em propriedades trabalhadas para promover mudanças conceituais no modo de atuar e encarar a produção de leite.

INTERPRETAR FATOS E ENCONTRAR CAMINHOS

REVISTA BALDE BRANCO - Nº 525 - JULHO DE 2008

Num passado não muito distante, havia no Brasil deficiências muito grandes de conhecimento técnico relacionado com a produção de leite. Foi um período em que pequenos ajustes ou ações provocavam respostas rápidas e grandes surpresas, porque as dificuldades permaneciam por longos períodos sem solução. Alguns acontecimentos reais podem mostrar as dificuldades vividas pelos fazendeiros, quando ocorriam fatos aparentemente inexplicáveis que destoavam da expectativa.

Por exemplo, no uso de ordenhadeira mecânica o leite apresentava contaminação bacteriana maior do que na manual. Perdas de cota eram comuns por ocorrência de leite anormal, apresentando teores de gordura e sólidos totais muito baixos. Tentativas de uso de ureia na alimentação causavam mortalidade de vacas, a ocorrência de laminite por efeito de dietas desbalanceadas era constante e deficiências nutricionais eram, muitas vezes, confundidas com doenças. Distúrbios metabólicos não eram diagnosticados e se utilizava com intensidade touros sem teste de progênie, mesmo em fazendas consideradas de elite, com a justificativa de que os bezerros nascidos seriam adaptados ao meio tropical. Existiam instalações inadequadas, principalmente, bezerreiros fechados, responsáveis pela alta mortalidade de bezerros.

Os capins milagrosos surgiram e monopolizaram a mídia, leguminosas tropicais eram apresentadas como indispensáveis, a suplementação alimentar na seca dependia de capineiras passadas, não existiam máquinas para a colheita de forragem, para a produção de silagem ou feno. Havia também grande expectativa de utilização de resíduos industriais e agrícolas de baixo valor nutritivo, por serem baratos. Técnicas de manejo rotacionado de pastagens, sem fundamento científico, provocaram grandes decepções e perdas econômicas, e as primeiras tentativas de confinamento total foram desastrosas e frustrantes, por desconsideração do conforto animal, espaço vital e elaboração de dietas inadequadas.

Havia grande esperança em pacotes tecnológicos para possibilitar avanços, sem levar em consideração as peculiaridades dos sistemas de produção. Tudo acontecia porque poucos técnicos recebiam treinamento específico para a condução da atividade, que estava se modificando e exigia conhecimento mais profundo e integrado. O desenvolvimento já era suficiente para resolver problemas e dificuldades vividas, mas não se procurava soluções em livros, textos ou trabalhos de pesquisa dos jornais científicos. Havia nítida valorização da experiência prática sobre o conhecimento.

Hoje, informações científicas são difundidas. Existem profissionais competentes em todas as áreas e a mídia raramente publica propostas sem fundamentação técnica, porque podem ser questionadas à luz da ciência e não se considera mais a necessidade de tecnologia específica para os trópicos. O momento exige reflexões aprofundadas sobre o setor produtivo, porque permanecem gargalos e limitações para que a pecuária leiteira possa ser estruturada num modelo compatível com a realidade científica. As dificuldades não são mais eminentemente técnicas, pois trabalhos bem conduzidos mostram obtenção de resultados significativos para colocar sistemas de produção em patamares compatíveis com os observados em países desenvolvidos. O desafio agora é vencer barreiras relacionadas com entraves de natureza socioeconômicas e culturais, características do subdesenvolvimento. Derrubar barreiras da tradição é tarefa difícil.

Inúmeras publicações apresentam temas relacionados com produção, industrialização e comercialização, consumo de lácteos, uso de insumos, organização de cooperativas e outros fatores importantes apresentando o que está ocorrendo e tentando introduzir profissionalismo para a modernização do setor, que revela contrastes marcantes e dificuldades reconhecidas de evolução. Os estudos publicados também contemplam planejamento, gestão, estratégias e outros assuntos de grande significância para a tentativa de modernização. Recentemente, um livro inovou com cenários futuros, baseados na percepção de pessoas envolvidas com diferentes segmentos da cadeia leiteira, revelando expectativas otimistas e muito interessantes para quem se preocupa e se interessa pelo leite.

Faltam agora análises críticas das informações já publicadas, para que novas interpretações sejam incorporadas e não ocorra, como no passado, a repetição monótona e improdutiva de pensamentos homogêneos, nem sempre coerentes. São necessárias novas ideias sobre tudo que aí está, para que seja possível enxergar outras vertentes advindas de interpretações circunstanciais. Como a cultura brasileira não valoriza o estudo, existe a aceitação de suposições advindas de observações corretas, com interpretações, às vezes, distorcidas, que se tornam verdades e, assim, a percepção dos problemas nem sempre é realista e, por esse motivo, análises repetem sempre o que já havia sido dito no passado.

PRODUTORES E SUA ASSOCIAÇÃO

REVISTA BALDE BRANCO - Nº 531 - JANEIRO DE 2009

Existe grande dificuldade de sensibilizar produtores sobre a importância de associações para defender seus interesses, apesar de ser frequente a divulgação da ideia de que indivíduos que agem de maneira desorganizada são menos eficientes que os que atuam em grupos com interesses comuns.

Opiniões ou demandas de um conglomerado de indivíduos são mais fortes, decisivas e importantes do que as expressas por uma única pessoa, mesmo que sua argumentação seja bem fundamentada, convincente e racional, porque existe, nesse caso, a conotação de simples interesse individual. Quando a manifestação é do grupo, fica evidenciado o interesse coletivo, que é mais fácil de ser exposto, defendido e tem maior probabilidade de trazer resultados para todos os membros da comunidade.

Sob o ponto de vista histórico, as organizações coletivas de indivíduos com interesses comuns no meio urbano são antigas, expressivas e bem estruturadas. Por sua combatividade e seu poder, são muito efetivas na defesa das aspirações de seus membros, e muitas conseguem influir em assuntos que não são específicos do grupo que representam.

Por outro lado, relatos sobre a criação de organizações de fazendeiros em países mais evoluídos indicaram que a associação no meio rural é sempre mais complexa e difícil, porque eles, habitantes de comunidades menores, geralmente, ficam concentrados em problemas pessoais, locais ou restritos a uma região delimitada, o que dificulta a compreensão dos possíveis benefícios oferecidos por uma entidade com atuação de âmbito mais amplo.

Além desses aspectos, as condições socioeconômicas das pessoas envolvidas nos movimentos de classe são também importantes, pois estudos antigos nos Estados Unidos revelaram que fazendeiros com espírito de associatividade eram mais jovens, apresentavam um nível educacional mais elevado e tinham um volume maior de capital empatado na atividade.

Formação cultural que priorize ações comunitárias é o ponto de partida para que o grupo atue em conjunto, em vez de privilegiar o interesse individual. Essa característica fica bem evidente entre os europeus nórdicos, porque vivem num ambiente de clima muito agressivo onde, no passado, ações conjuntas foram essenciais para a sobrevivência. Nas regiões colonizadas por esses povos, as cooperativas prosperaram e foram criadas associações para a defesa dos interesses dos produtores, que são, hoje, muito fortes e bem organizadas.

As instituições não têm como objetivo atender a demandas individuais, mas, sim, zelar pelo desenvolvimento do setor, sensibilizando os poderes executivo e legislativo, como também a população urbana, sobre os anseios, necessidades e problemas de um grupo de indivíduos que perfaz a cada ano, uma parcela menor da sociedade. Os fazendeiros são, hoje, capazes de influenciar e exigir, e conseguem obter resultados para beneficiar o setor produtivo como um todo.

Associações de fazendeiros não podem ser feitas de cima para baixo, ou seja, existe a necessidade de se conseguir uma massa crítica e homogênea, com grande número de membros comprometidos com a causa, para que a organização se torne efetiva. Para tanto, a individualidade tem que ser deixada de lado e os objetivos da associação precisam ser bem definidos e aceitos por todos.

Se a defesa dos interesses for a bandeira a ser empregada para a mobilização, é necessário que se defina o que se entende por interesse, porque geralmente o produtor brasileiro tem a percepção estreita de que o preço é a única causa a ser defendida pela organização.

Desse modo, fica facilmente decepcionado, porque os preços são sempre variáveis quando o produto depende da oferta e da procura; são fortemente influenciados pelo mercado externo e, portanto, as flutuações são inevitáveis. Não há possibilidade de luta por preço fixo e sempre crescente, quando o valor do produto depende do mercado.

Importação, exportação, impostos, combate a fraudes, estímulo para aumentar consumo interno, divulgação de entraves, promoção da atividade como importante e comprometida com a saúde e bem estar das pessoas, linhas de crédito e, logicamente, defesa de melhores preços são algumas das linhas de atuação das associações. Para que possam atuar em âmbito nacional, ser combativas e presentes, quando necessário, as associações precisam de recursos financeiros provenientes da colaboração dos associados. Por falta de conceituação, poucos contribuem porque não conseguem vislumbrar retorno para o dinheiro empregado.

Esclarecimentos constantes sobre a importância da organização de produtores de leite são necessários para tentar reverter o individualismo que se perpetua no país e só concorre para enfraquecer o setor de produção de leite, um segmento importante do agronegócio, que tem, no mundo desenvolvido, uma posição de destaque pela atuação conjunta de seus membros, que sabem reivindicar, conseguem lutar e permanecem unidos em torno de um mesmo ideal.

O RISCO DA PRODUTIVIDADE

REVISTA BALDE BRANCO - Nº 532 - FEVEREIRO DE 2009

Existem fatos relacionados com pecuária leiteira, que são difíceis de serem compreendidos à luz da razão. Um deles é a reação que se observa quando se analisa a possibilidade de alterar a produtividade das fazendas, objetivando um aproveitamento racional da terra e do rebanho. A proposta de se conseguir, por exemplo, 100 litros de leite por ha por dia, como vem sendo obtido em programas bem estruturados de assistência técnica, implantados em diferentes regiões, ao invés de provocar interesse, promove o aparecimento de receio do que poderá acontecer com o mercado de leite.

O risco de ocorrência de excedentes e aviltamento dos preços assusta quando se imagina que uma fazenda com área útil de 30 ha poderia produzir mais de 1.000.000 de litros por ano. Extrapolando a possibilidade para o município, o Estado e, também, o país, se visualiza um verdadeiro dilúvio de leite no Brasil e a expectativa passa a ser assustadora. Não se consegue imaginar nessa situação que somente uma parcela diminuta do potencial do Brasil é explorada, que a projeção atual como país produtor é consequência do imenso rebanho e que o crescimento é um reflexo da constante expansão da atividade leiteira para novas fronteiras agrícolas, já que a produtividade se mantém num patamar muito baixo.

A percepção de risco associada à melhoria de produtividade não é nova, pois na década de 1970, quando foram iniciadas as discussões sobre melhoria de eficiência e manipulação de fatores produtivos, existiram reações contrárias e manifestações de desaprovação para programas de incentivo à adoção de novos conceitos de produção. Na época, o Brasil produzia pouco; era importador, para garantir o abastecimento interno; a captação em direção ao Centro-Oeste e Norte estava em expansão, e o preço do leite e de lácteos era controlado pelo governo. Em condições muito diferentes das atuais, a manifestação era semelhante, mostrando que mesmo com o correr do tempo e a difusão mais ampla de conceitos tecnológicos e gerenciais, o medo de melhoria da produtividade ainda persiste.

A falta de compreensão do significado de produtividade, talvez seja responsável pelo temor de se difundir e aplicar conceitos de eficiência em produção de leite. Desconsidera-se que na situação atual, o produtor médio trabalha com uma proporção diminuta de animais por unidade de área, possui um rebanho muito grande para produzir pouco leite, porque a relação entre vacas em lactação e animais improdutivos é pequena, e a porcentagem de vacas em lactação por ano é baixa como consequência da reprodução inadequada e da utilização de matrizes sem persistência de produção.

A consequência deste cenário é a necessidade de grande volume de capital empatado em terras, rebanho, instalações, trabalho e insumos, para a obtenção de pequena quantidade de leite. A pulverização da produção em áreas muito grandes dificulta e encarece significativamente o transporte de leite e, com certeza, dificulta programas de melhoria da qualidade. Além de todos esses aspectos, surge também a necessidade de serem incorporadas constantemente áreas novas, cada vez mais distantes dos centros consumidores, para garantir o abastecimento dos grandes centros urbanos, que continuam em expansão.

Desconsidera-se, na análise apressada sobre os efeitos da produtividade, que a caminhada para a melhoria é longa e difícil. Existe a necessidade de mudar conceitos arraigados de produção extensiva, que predominam no país; é necessário que se acredite em tecnologia; é preciso entender a proposta tecnológica, e tudo isso passa por um processo longo de aprendizagem e mudança cultural. Também não é viável pensar que em todas as fazendas existam condições para a intensificação. O desenvolvimento histórico da pecuária leiteira em países desenvolvidos mostra que, em todos eles, existiu grande expansão horizontal antes de haver melhoria palpável na produtividade. Se a proposta de intensificação for racional e exequível, não existe nada a temer, e os programas devem, sim, ser incentivados, porque somente com a adoção de tecnologia ocorrerá a racionalização da atividade leiteira no país.

Os Estados Unidos, maior produtor de leite de vaca, tinha em 1950 cerca de 22 milhões de vacas para produzir, em 3.650.000 fazendas, 53 bilhões de litros anuais. Se na época houvesse reações contrarias à intensificação porque a produtividade do rebanho poderia aumentar quatro vezes, o país ainda teria uma grande pulverização da produção de leite com os mesmos 40 litros por dia em média por fazenda, como mostram os dados da época.

O que ocorreu ao longo do tempo nos Estados Unidos foi a diminuição no número de fazendas (menos de 80.000 atualmente) e de vacas (cerca de 9.000.000) e a consequente concentração da produção em áreas mais propícias ou mais próximas dos grandes centros consumidores. Além desses aspectos, a mudança de produtividade foi lenta, passando por difusão e aplicação de conceitos tecnológicos, educação do produtor e mudança de sistema de produção, fatores que sem dúvida favoreceram a organização e a sedimentação da cadeia produtiva.

QUAL O FUTURO DO PRODUTOR RURAL?

REVISTA BALDE BRANCO - Nº 536 - JUNHO DE 2009

O produtor rural deveria ser reconhecido pela sociedade por contribuir de maneira decisiva para seu bem estar e sobrevivência. O ser humano deve consumir alimentos variados e de boa qualidade, e essa necessidade só é atendida porque alguns indivíduos cultivam o solo, semeiam plantas, criam animais domésticos, colhem e armazenam para garantir o abastecimento, assegurando, assim, a vida das comunidades urbanas, que não sabem e não têm condições de cuidar da própria subsistência.

Com a urbanização iniciada na época de Revolução Industrial, a sobrevivência da humanidade passou a ficar cada vez mais na dependência do agricultor, que se tornou, numericamente, minoria nas regiões mais desenvolvidas do globo terrestre e, por isso, se tornou refém de regras impostas pelos urbanos.

O trabalho no campo não é fácil, por ficar na dependência de condições climáticas, ser afetado por acontecimentos em outros países, pela necessidade de ser equacionado e estabelecido dentro de prazos restritos e por depender de conhecimentos específicos para se ter sucesso. Apesar de ser uma atividade reconhecidamente de alto risco, o seguro rural, como rotina, inexiste para culturas e rebanhos, e, com frequência, os produtores não conseguem obter resultados econômicos satisfatórios em suas atividades.

Apesar de tudo, a atividade milenar de utilizar o solo para produzir alimento continua e se expande, porque o agricultor tem consciência de que com tecnologia pode desenvolver mecanismos para controlar dificuldades e prever com antecedência desvios que poderão comprometer o resultado do esforço despendido, e também, porque tem a percepção de que a atividade agropecuária é, e sempre será imprevisível.

A incerteza e o questionamento sobre o futuro da atividade agrícola no país são decorrentes de fatos que não são inerentes à atividade rural, mas que surgem a cada instante, dificultando o trabalho rotineiro, criando um clima de incerteza e, mais que tudo, um sentimento de marginalização em relação à sociedade. Fatos relatados em diferentes regiões sugerem que o meio urbano está cada vez mais interferindo no rural, ditando normas e exigindo condutas, sem preocupação com a real necessidade ou a particularidade do trabalho desenvolvido nas fazendas.

Além disso, a imagem da agricultura como promotora de trabalho infantil ou escravo é constantemente difundida, como se fosse exclusiva do meio rural, e não um reflexo das condições socioeconômicas de um país em desenvolvimento.

Algumas ocorrências podem ser usadas para caracterizar ações desproporcionais e descabidas sobre os proprietários rurais. Inesperadamente, receber na fazenda fiscais do Ministério do Trabalho acompanhados de policiais fortemente armados com metralhadoras, para verificação de uso de mão de obra para roçada de pastagens em áreas de relevo acidentado é constrangedor e incompreensível para quem sempre trabalhou dentro da lei, e também, é preciso considerar que agricultor não é bandido.

Ser impedido de executar um projeto técnico de plantio de eucaliptos em gleba pertencente à família por quatro gerações, por causa de um pretenso plano municipal de restrição à expansão da cultura visando à preservação do meio ambiente, dentro da visão urbana, fere o princípio da racionalidade e da livre iniciativa, e impede a ampliação da renda de agricultores pobres em regiões montanhosas, sem nenhuma contrapartida para uma possível solução do impasse criado para o agricultor.

Invasão de fazendas e dificuldade de reintegração de posse são ameaças permanentes, promovidas por grupos que agem impunemente, em desrespeito à legislação que deveria garantir a posse de imóveis também no meio rural, possibilitando e execução de trabalho planejado em longo prazo. A insegurança é também sentida quando o meio urbano se aproxima das propriedades rurais. Roubos de animais, de milho verde e de ferramentas de trabalho infernizam a vida do agricultor, sem nenhuma possibilidade de solução por estar fora da cidade e não ser, então, prontamente socorrido.

O caso real de construção de um recinto imenso de forró ao lado de uma fazenda familiar de produção de leite mostra um problema de difícil solução. As festas se arrastam noite adentro, com um nível de ruído que dificulta o sono de quem trabalhou duro durante o dia e tem de reiniciar de madrugada; frequentadores usuários de drogas são uma ameaça constante, e o sitiante, apesar de tentar por todos os meios, não consegue uma solução para o problema.

Insegurança com relação às exigências para a preservação do meio ambiente aparece com frequência, porque nem sempre os fazendeiros conhecem os preceitos e ficam confusos com a ruptura de práticas e ações empregadas desde a criação do mundo e que, repentinamente, são proibidas, sem uma explicação convincente e racional.

Seria muito apropriado iniciar uma coletânea de relatos de problemas reais, inclusive os desvinculados das atividades agrícolas, que dificultam o trabalho e promovem insegurança para quem trabalha no campo. Os inúmeros casos que certamente seriam contados poderiam, quem sabe, ser usados para sensibilizar a sociedade sobre a necessidade de regras claras e segurança, para tornar possível a sobrevivência do produtor rural. Por tudo que anda acontecendo, o futuro do trabalho no campo parece ameaçador e um tanto nebuloso.

SINAIS DE EVOLUÇÃO TECNOLÓGICA

REVISTA BALDE BRANCO - Nº 543 - JANEIRO DE 2010

Existem sinais claros de que o setor leiteiro nacional está evoluindo sob o ponto de vista tecnológico, não somente porque algumas fazendas apresentam resultados significativos ou modelos de produção semelhantes aos encontrados em regiões desenvolvidas. Comparando as fazendas do passado consideradas diferenciadas com algumas da atualidade, se nota que existem diferenças conceituais muito grandes no manejo do rebanho.

Práticas desprovidas de embasamento técnico que eram utilizadas foram deixadas de lado, propostas de experimentar para ver o que iria acontecer deixaram de ser consideradas, e o complexo de inferioridade do clima tropical foi substituído pela certeza de que a aplicação de tecnologia soluciona dificuldades de produção de leite em regiões consideradas problemáticas.

Outras evidências podem ser detectadas em reuniões com produtores, nas quais o foco das discussões e os questionamentos deixam de ser o capim milagroso, as dificuldades do clima tropical e o grau de sangue para garantia de rusticidade. Além disso, artigos de divulgação passam a tratar de assuntos embasados em conhecimento cientifico, e não mais suposições baseadas em observações práticas, como se fossem verdades.

Os temas de interesse passam a ser: qualidade de leite, dietas balanceadas, melhoramento genético, manejo racional de pastagens, reprodução, e outros assuntos que podem auxiliar na condução de um sistema produtivo compatível com o conhecimento científico acumulado no mundo. As mudanças observadas em inúmeras fazendas espalhadas por todo o país são consequência do aumento no número de técnicos capacitados para detectar e solucionar problemas, como também equacionar propostas realistas para o setor.

Num passado não muito distante, existiam dificuldades de caracterização de deficiências nutricionais, se desconsiderava a qualidade do volumoso e os acasalamentos eram realizados com touros próprios, ou mesmo, com reprodutores negativos em teste de progênie por causa do tipo e argumentação de que a média das filhas era alta. Conceitos clássicos de nutrição, conforto, sanidade e melhoramento genético eram desconsiderados por falta de conhecimento, valorização da prática e, sobretudo, improvisação.

Antes, o enfoque prioritário era para construções, máquinas e equipamentos, e os programas de incentivo por meio de crédito subsidiado priorizavam investimentos em recursos não produtivos. Consideravam-se tecnificadas as fazendas bem aparelhadas, com grandes investimentos e manutenção de gado puro. O resultado da atividade era invariavelmente atribuído ao preço injusto do leite pago ao produtor.

Sabe-se que o setor produtivo está evoluindo quando o pequeno produtor deixa de se considerar um sofredor eterno para se transformar num empresário, porque a atividade paga todas as contas, possibilita sobras para remunerar o capital; para pagar a depreciação e para melhorar as condições de vida ou poupar. De maneira semelhante, os produtores maiores ou os donos de fazenda não mais consideram a atividade como um capricho para atender a uma vocação atávica, e também não se contentam em zerar as contas ou deixar de injetar dinheiro de fora para equilibrar o balanço. Os sinais de melhoria tecnológica aparecem quando o leite passa a ser considerado um negócio.

O interesse crescente por temas relacionados com gerenciamento do processo produtivo indica que uma nova concepção sobre economia de produção está se consolidando no meio rural. Assim, o preço do leite deixa de ser o único fator de interesse, como se fosse o realmente limitante para se obter rentabilidade. Controle de gastos e cálculos de custos são aceitos com naturalidade, e aparecem com frequência, solicitações para aquisição de planilhas, a fim de facilitar a tarefa de estabelecer o controle do processo produtivo.

Discutem-se temas como investimento por vaca, por unidade de área e retorno sobre o capital empatado para caracterização do leite como negócio. A preocupação com qualificação e o treinamento de mão de obra são, hoje, assuntos frequentes em análises e discussões sobre administração de fazendas leiteiras, indicando que novos conceitos estão sendo requisitados para compreensão e condução da atividade produtiva.

O conceito de leite como negócio não pode ser desvinculado do uso do conhecimento técnico-científico para a garantia de um manejo racional do rebanho leiteiro. Resultados obtidos mostram com clareza que tecnologia não está associada com riqueza ou tamanho, mas, sim, com mudança de conceito.

SEDUÇÃO DO LEITE

REVISTA BALDE BRANCO - Nº 545 - MARÇO DE 2010

Não se sabe por que a atividade leiteira exerce fascínio muito grande sobre indivíduos urbanos sem vínculo profissional com o meio rural, como os que num certo momento da vida, se apaixonam pela vaca leiteira, outros revivem fatos agradáveis vividos no passado e alguns procuram tirar leite para sobrevivência em uma gleba de terra.

O caso de um casal sem nenhum vínculo com o meio rural, que resolveu deixar a cidade grande e massacrante para viver numa fazenda de leite, ilustra bem um desses casos de sedução. Tinham recursos financeiros, juventude e disposição. Tudo começou com uma visita despretensiosa de fim de semana a uma exposição de gado leiteiro, onde ficaram encantados com as vacas e suas crias. Começaram a visitar propriedades, passavam férias em hotéis fazenda, assistiam programas com temática rural na televisão, liam revistas sobre o assunto e não perdiam as exposições. Com tais estímulos, o sonho da aposentadoria no campo foi substituído pelo desejo de ruptura abrupta da vida que levavam, ficando cada vez mais entusiasmados para iniciar uma fazenda. Alguns comentários ouvidos sobre as dificuldades vividas por produtores não foram suficientes para ofuscar o fascínio, e ao se tornarem proprietários de terra, abandonaram a cidade e mergulharam no sonho da vida campestre.

O projeto de um profissional liberal que viveu toda sua vida na cidade grande não era muito diferente, pois com a aproximação da aposentadoria devido à idade avançada e as agruras crescentes da vida na metrópole, resolveu comprar uma fazenda já funcionando, porque para ele, tempo era um recurso escasso. Seus antepassados distantes foram agricultores e, por isso, lembrava com saudade das férias da infância passadas na fazenda onde tomava leite no curral, pescava, passeava a cavalo e se sentia feliz em contato com a natureza. Procurou em região propícia a propriedade conveniente, investiu em melhorias, contratou um administrador experiente e procurou se inteirar das inovações tecnológicas por meio de leituras, cursos rápidos e conversas com produtores renomados. Tinha certeza de que os problemas da atividade relatados por amigos e produtores seriam solucionados com a aplicação de modernos conceitos administrativos, e que teria resultado, pois em todas as atividades exercidas até aquele momento tivera sucesso, e assim, iniciou uma nova e estimulante atividade, que daria novo sentido à sua vida.

O usuário de um lote de terra num assentamento de reforma agrária, sem vivência no campo, tinha o sonho de tirar da terra o sustento da família e, quem sabe, ter alguma sobra para investir, progredir e melhorar de vida. Tinha ideia de que os fazendeiros ficavam ricos, e ficou abalado em suas convicções quando tentou, sem sucesso, plantar milho, feijão, algodão e maracujá. Algumas vezes, a produtividade não foi boa; em outras, as condições climáticas se mostraram desastrosas, e com frequência, os preços oferecidos pelos produtos não eram os esperados. O desânimo com a atividade rural foi substituído por esperança quando resolveu seguir a sugestão de tirar leite, porque era uma atividade fácil, já que bastava ter vacas e pasto. Com matrizes compradas, passou a ter uma renda mensal pequena, mas que ajudava, e muito, nas despesas familiares. Considerou o trabalho desgastante porque tinha que ser exercido todos os dias, mas vislumbrou uma perspectiva que não tinha antes, ou seja, renda mensal para sobrevivência. Só não se conformava com o preço do leite, mas se tornou um produtor com esperança de dias melhores no futuro.

Os casos relatados realmente aconteceram, mas não se sabe que resultados obtiveram com o correr dos anos. A realidade mostra que existe dificuldade para a produção de leite por ser uma atividade muito complexa e difícil de ser tocada, pois além do estabelecimento, a fazenda exige também conceitos corretos de exploração de vacas leiteiras.

A propriedade montada para ser produtiva e rentável deve mostrar capacidade de explorar com eficiência o potencial existente, racionalizar custos e investir com segurança em recursos produtivos. Para tanto é necessário que o solo seja corretamente explorado, que o rebanho seja estruturado e formado por animais capazes de garantir eficiência. É muito importante também que as peculiaridades do mercado sejam atendidas e, principalmente, entendidas, para que não se estabeleça desânimo e insatisfação com o passar do tempo.

O grande poder da pecuária de leite de desencadear sonhos exerce fascínio e, com grande frequência, parece boa solução para uma fazenda com problemas, quando considerada fácil. Entretanto, pode se transformar em pesadelo quando o programado não é obtido ou os problemas se avolumam e não podem ser facilmente solucionados. Sair repentinamente da atividade não é simples, nem traz, necessariamente, satisfação. A angústia do produtor decepcionado se estabelece porque a atividade não garante, por si só, resultado satisfatório para quem se torna produtor com a melhor das intenções.

VISITAS A FAZENDAS LEITEIRAS

REVISTA BALDE BRANCO - Nº 548 - JUNHO DE 2010

Fazendas são visitadas quando o produtor está à procura de práticas testadas por outros para aprimorar seu sistema de produção. Não tendo certeza do que fazer para alterar o que está em andamento em sua propriedade e por sentir necessidade de se informar para formular uma nova proposta, procura verificar '*in loco*' ('ao vivo') a experiência implantada e que tem fama.

O desejo de conhecer pessoalmente propostas inovadoras, recentemente divulgadas pela mídia ou por outros fazendeiros é legítimo, por existir a possibilidade de discutir dúvidas, anotar detalhes e concluir sobre a validade das práticas adotadas.

Entretanto, nem sempre a visita resulta em aproveitamento porque a preocupação se concentra em coletar informações que pouco ou nada irão contribuir para alterar o sistema de produção. Anotar ou tomar conhecimento da composição da ração, da mistura mineral, o nome dos reprodutores utilizados, a quantidade de adubo aplicado, o tamanho das instalações, etc., praticamente nada irá acrescentar a outro sistema de produção. Copiar modelos implantados não funciona, porque as particularidades existentes em um local, não se repetem integralmente em outras situações.

No passado, o número de fazendas visitadas por serem consideradas diferenciadas era muito pequeno, pois o que as diferenciava era o grande investimento e, geralmente, pertenciam a empresários urbanos. Como eram propriedades classificadas como de 'alta tecnologia' por grande aporte de capital em máquinas, equipamentos, instalações e gado registrado, mas não conseguiam mostrar rentabilidade na exploração leiteira, contribuíram para difundir a ideia de que tecnologia não era sinônimo de resultado e exigia recursos financeiros fora do alcance da maioria dos produtores.

Os visitantes ficavam admirados porque as vacas eram de produção alta; as máquinas agrícolas, importadas; as instalações, suntuosas e desconhecidas, e a produção de leite, elevada para os padrões da época, mas a maioria apresentava deficiências técnicas e administrativas. Apesar de serem admiradas, não incentivaram a adoção de sistemas de produção mais evoluídos porque o modelo estava muito fora do alcance do produtor que tinha como única atividade a produção de leite, se encontrava descapitalizado e não se dispunha a investir numa atividade duvidosa sob o ponto de vista econômico.

A situação mudou muito nos últimos anos, pois existe hoje no país um número relativamente grande de fazendas para serem visitadas, que se destacam sob o ponto de vista de produtividade, qualidade de leite, quantidade produzida por unidade de área e, principalmente, porque conseguem obter rentabilidade, contribuindo, assim, para que a produção leiteira seja considerada como uma das de melhor resultado operacional na agropecuária, quando conduzida com bases tecnológicas.

São propriedades que podem ser utilizadas para a difusão de conceitos tecnológicos e gerenciais relacionados com a produção de leite, não porque são sofisticadas, mas, sim, porque se destacam por adotar princípios científicos na condução do sistema e administração profissionalizada.

A ideia de que tecnologia está associada à riqueza, alto custo de produção e, consequentemente, maior risco operacional, pode, finalmente, ser substituída pela certeza de que conceitos de eficiência e racionalidade podem ser facilmente implantados em qualquer sistema. Assim sendo, as visitas poderão ser mais proveitosas se orientadas para o entendimento de que o conceito, e, não o modelo operacional, é o que leva a resultados econômicos, fato que distingue a propriedade para que seja procurada.

Visitando mais de uma propriedade diferenciada será mais fácil entender o conceito de sistema de produção com a constatação de que o trabalho foi realizado em condições diferentes, mas que existem similaridades entre as propostas, porque a aplicação de esforços e recursos financeiros foi feita em recursos produtivos, capazes de alterar a eficiência e a economicidade da atividade.

Intensificação do uso do solo, estruturação do rebanho, descarte de vacas sem persistência, reprodução controlada, uso racional de concentrados por melhoria da qualidade do volumoso, manejo do rebanho para minimizar fatores estressantes, erradicação e controle efetivo de doenças e parasitos são medidas que dependem muito mais de conceito do que de grandes investimentos financeiros.

Além desses aspectos, deverá ficar evidente que não existem regras pré-estabelecidas para a condução do sistema, ou seja, podem ser utilizadas diferentes espécies forrageiras nas pastagens, o gado pode ser diferente, o sistema de ordenha adaptado à condição local e a necessidade de máquinas, específica em cada caso.

Fazendas só devem ser visitadas quando estiverem aptas a demonstrar que o sistema implantado possibilita produzir leite com resultados econômicos. O projeto ou o modelo físico implantado não podem ser motivo de admiração ou de inspiração para promover mudanças, antes de comprovar a validade econômica da proposta.

VIVER NA ROÇA

REVISTA BALDE BRANCO - Nº 549 - JULHO DE 2010

Já passou o tempo em que as coisas da roça eram diferentes das da cidade. No passado, era possível identificar os habitantes do meio rural pela forma de vestir, de calçar, de conversar e de levar a vida num ritmo mais calmo. O linguajar tinha sotaque característico, as palavras eram peculiares e as músicas caipiras apresentavam letras, timbres e ritmos diferentes de todas aquelas cantadas pelos habitantes das cidades.

Os alimentos eram obtidos no local e poucos produtos industrializados participavam da cozinha rural, onde a banha substituía o óleo vegetal e o fogão a lenha reinava absoluto. Carnes de caça, peixes, frangos caipira, porcos engordados nos chiqueiros, patos e perus faziam parte das dietas, que eram enriquecidas com feijão produzido em consorciação com milho ou café, arroz branco ou vermelho colhido nas várzeas, batata doce, inhame, taioba e cambuquira.

A mandioca era consumida frita, utilizada na forma de farinha, no preparo de bolos e doces característicos. O milho propiciava a obtenção de fubá produzido em moinhos ou monjolos, canjica e farinha de beiju. O leite e seus subprodutos propiciavam o preparo de pratos doces ou salgados e as frutas eram consumidas ao natural ou utilizadas para confecção de doces variados.

O homem do campo vivia isolado do mundo por falta de televisão, telefone e estradas boas. O contato com o meio urbano era somente por meio do rádio, onde existia eletricidade, e por visitas periódicas aos agrupamentos urbanos mais próximos para aquisição de alguns produtos essenciais para sobrevivência como sal, açúcar, querosene, tecidos, etc.

Vivia-se em função da fazenda, onde a vida era tranquila porque não ocorriam assaltos e a pressão do consumismo não existia, tornando a existência mais simples e despojada. Nas moradias nem sempre havia eletricidade, água encanada ou assoalho, fatos que tornavam o dia a dia mais difícil para as donas de casa. As crianças viviam soltas, brincavam com a natureza, aprendiam a nadar nos córregos e frequentavam as escolas rurais que atendiam os moradores das fazendas e das pequenas vilas.

Mesmo com um estilo de vida aparentemente tranquilo e agradável, muitos desses habitantes aspiravam mudar para a cidade, onde esperavam encontrar salários melhores, facilidades inexistentes na roça e, também, novas perspectivas. Entretanto, a adaptação nem sempre era fácil, pois as diferenças culturais eram muito acentuadas. Além disso, o baixo nível de escolaridade e a falta de conhecimento para execução de trabalhos mais especializados na indústria ou prestação de serviços, geralmente, levavam a empregos mal remunerados.

Pagar aluguel, condução e atender às imposições crescentes de consumo da família criava uma situação estressante para o trabalhador rural que almejava se tornar urbano. Apesar das dificuldades de adaptação e do choque cultural acentuado, o êxodo rural se alastrou por todo o país, contribuindo para o inchaço e a favelização das cidades brasileiras.

Nos dias atuais, o habitante do meio rural tem um estilo de vida que o aproxima mais do morador dos centros urbanos, seja nos hábitos alimentares ou no conhecimento do que está acontecendo no mundo, pois mantém um contato mais íntimo com tudo o que acontece na cidade. Facilidade de movimentação em estradas melhores, transporte coletivo sempre disponível, eletrificação rural e antena parabólica propiciaram aos moradores da roça adquirir hábitos, costumes, linguajar e gostos dos urbanos, e a violência, antes restrita aos conglomerados urbanos, também chegou ao meio rural.

O modo de vida das fazendas do passado deixou de existir e, com o surgimento do agronegócio, o salário foi atualizado, as moradias melhoraram e a legislação trabalhista colocou o trabalhador do campo no mesmo patamar do operário urbano, apesar das características peculiares da roça como moradia, trabalho diferenciado como duas ordenhas, cuidado com animais fora de hora e trabalho nos fins de semana.

Mesmo com as grandes modificações ocorridas, viver na roça nem sempre oferece atualmente, estímulos para que trabalhadores rurais e proprietários de fazendas permaneçam no campo, pois a cidade exerce um poder de atração muito grande pelo estilo de vida e pelas facilidades aparentes que oferece e, sobretudo, pela possibilidade de diversão permanente, que por vezes, não existe nas fazendas mais distantes dos centros urbanos.

O êxodo rural é uma tendência irreversível e seus efeitos podem ser amenizados pela mecanização cada vez mais sofisticada, mesmo na atividade leiteira. Sistemas de ordenha eficientes, pastejo em áreas restritas e mecanização da alimentação possibilitam sistemas de produção com mão de obra reduzida. Assim, a manutenção de pessoas no campo vai depender de qualificação profissional e identificação de indivíduos que, por sua formação cultural, não consideram o trabalho rural degradante, que apreciam a atividade leiteira e a vida mais tranquila e agradável, que ainda pode ser encontrada na roça.

AMADORISMO NA PRODUÇÃO DE LEITE

REVISTA BALDE BRANCO - Nº 559 - MAIO DE 2011

Certa vez, um criador de suínos decidiu investir também na produção de leite, pois sua atividade enfrentava mais uma crise de preços. Além disso, dispunha de esterco para ser utilizado como adubo e os valores pagos pelo leite estavam em alta, com perspectivas de manutenção em patamares elevados. Foi na época em que ocorreu valorização no mercado internacional de lácteos por conta de problemas climáticos nas principais regiões exportadoras e da entrada de países do leste europeu na Comunidade Econômica Europeia, o que provocou redução nas exportações da região e elevação de consumo na Rússia, gerando aumento da demanda, acrescido da maior procura de lácteos por parte da China.

Para reforçar ainda mais o quadro favorável, ocorria também falta de leite no mercado interno. A situação de euforia era de tal magnitude que pessoas de destaque no setor leiteiro chegaram a afirmar, que os preços do leite não voltariam jamais aos antigos patamares.

Foi neste clima favorável que o suinocultor resolveu entrar na nova atividade, com o objetivo de criar uma alternativa favorável para seu negócio. Construiu estábulo, sala de ordenha, plantou pastos, semeou milho para silagem, comprou maquinas agrícolas e pagou caro por 15 novilhas leiteiras prenhas de boa procedência para experimentar a viabilidade da atividade.

Iniciaria a atividade em escala pequena, considerando a fama generalizada de negócio duvidoso e da necessidade de um período de aprendizagem para a nova empreitada. Apesar da cautela, existia certa euforia com o nascimento das primeiras bezerras e pelo fato de que a vaca é um animal mais 'simpático' do que a porca. Ele havia notado que a rotina no dia a dia da produção de leite é estimulante para o principiante, que passa a se interessar pela produção diária de cada animal, pelo acompanhamento da ordenha, pela detecção de cio, pelo nascimento das bezerras e colocação de nome nas recém-nascidas.

Em nenhum momento de suas explicações, ele fez menção de que o investimento realizado para a experiência com a produção de leite era desproporcional à expectativa de receita, com uma possível produção máxima de 370 a 400 litros diários, de que a quantidade iria declinar naturalmente com o passar do tempo, porque todas as novilhas iriam parir num período de dois meses e que haveria uma época em que as despesas operacionais não seriam cobertas pela produção. Estava claro que não houve planejamento da atividade e que não existia conhecimento do comportamento da produção de leite durante o período de lactação.

Em casos como os citados, a decepção aparece quando a produção é reduzida. Nesse momento, o encantamento desaparece quase por completo. Terminada a exposição de seus planos, foi apresentada ao aprendiz de produtor de leite, a proposta de compra de 15 leitoas para iniciar uma criação experimental de suínos. Houve, então, uma resposta pronta e bem fundamentada: não era possível estabelecer essa atividade em pequena escala, sem planejamento ou assistência técnica, porque era complexa e exigia a observância de protocolos bem conhecidos. Enfim, o suinocultor desaconselhou o produtor de leite a iniciar a criação sem elaborar um estudo de viabilidade econômica e, recomendou que se ele não fosse capaz dessa elaboração, deveria encomendar a quem tivesse experiência. Ou seja, deixou claro que não era prudente se aventurar na suinocultura sem conhecimento de causa.

Quando questionado sobre por que o esquema sugerido para o estabelecimento de uma suinocultura não foi realizado antes da decisão de implantação da leiteria, a resposta foi que, na atividade leiteira não existem procedimentos padronizados, que ele tinha visitado inúmeras fazendas, cada uma delas, com um conceito diferente, e havia formado uma boa ideia, possibilitando que ele mesmo fizesse adaptações para sua propriedade. Teve o cuidado de contratar um individuo com bastante experiência com vacas leiteiras para estabelecer o manejo da fazenda de leite e esperava que, assim, teria sucesso na nova empreitada.

Com relação ao estudo de viabilidade econômica, não via necessidade de fazê-lo, pois se tratava de uma atividade exploratória, para futuras tomadas de decisão. Mesmo sem dizer nada, estava implícito que para ele, o profissionalismo exigido para a exploração de suínos, não era necessário para a produção de leite. Em outras palavras, no setor leiteiro, as coisas são mais simples e podem ser tocadas na base do 'eu acho'.

A falta de profissionalismo na atividade leiteira pode ser facilmente detectada no meio rural, onde ainda prevalece a concepção de que tirar leite é fácil, bastando para tanto ter vacas na propriedade. Essa postura é encontrada em fazendas grandes ou pequenas, ricas ou pobres, que não usam tecnologia de maneira apropriada. Aplicar tecnologia significa empregar conceitos científicos sedimentados e gerenciamento racional da fazenda. Se assim for encarada, a produção de leite não será diferente de qualquer outra atividade do agronegócio.

MAIS UMA AMEAÇA AO MEIO RURAL

REVISTA BALDE BRANCO - Nº 563 - SETEMBRO DE 2011

A preservação da fauna e da flora recebe apoio incondicional de quem vive nas cidades e fica encantado quando viaja pelo interior ao visualizar vários animais selvagens soltos na natureza. O canto dos passarinhos, a algazarra das maritacas, a imobilidade do jacaré, a curiosidade dos quatis, a elegância dos cervos, o voo coordenado das araras, a beleza dos tucanos e o aspecto curioso ou o comportamento de outros animais são motivo de júbilo para quem tem a oportunidade de observar a fauna em seu habitat natural nos campos. Sem dúvida, a preservação criou possibilidade para a volta de várias espécies que não mais eram encontradas em muitas regiões do Brasil.

As medidas de proteção são severas, e a legislação é tão rigorosa que, segundo crônicas ouvidas em todos os cantos do país, é preferível 'caçar' o fiscal, do que enfrentar os rigores da lei para quem tenta capturar ou matar um bicho. Casos curiosos são relatados, como o de um camponês que vivia em uma região isolada e foi preso, após denúncia, por matar para consumo da família, um tatu, prática centenária na cultura local. O pobre homem não conseguia entender o que estava acontecendo, pois desde criança acompanhava o avô e o pai em caçadas noturnas para conseguir alimento para a família.

A proteção rigorosa ao meio ambiente se estende também às plantas, como indicam relatos da prisão de um homem idoso que retirou algumas cascas de um ipê roxo para confecção de chá para a esposa que estava adoentada e sempre fazia uso da planta para elaboração de remédio caseiro. O cumprimento da lei é severo e, por isso, as medidas protecionistas têm revelado resultado mensurável com o passar do tempo.

O aumento rápido de populações de animais selvagens não é devido somente à legislação protecionista. Muitas espécies não mais encontram predadores naturais, que exercem na natureza, o importante papel de manter o equilíbrio indispensável, para que o meio não seja agredido e, portanto, realmente preservado. Os carnívoros foram empurrados pela civilização para lugares remotos, e com isso, o importante papel de manter a população de suas presas sob controle desapareceu nas regiões de maiores agrupamentos urbanos.

Além dos predadores, também a natureza exerce importante papel na manutenção do equilíbrio ecológico. Por exemplo, secas prolongadas ou geadas promovem impacto sobre populações de animais herbívoros, que passarão a sofrer restrição alimentar, que pode promover aumento de mortalidade, bem como problemas reprodutivos. Nessas condições, a existência de campos de cultura irrigados e a disponibilidade de alimentos preservados sob a forma de silagem ou feno impedem o controle natural de populações, que podem, então, manter um crescimento desordenado.

Para os agricultores, os animais selvagens deixam de ser interessantes quando começam a promover prejuízos e criar problemas. Existem comprovações de destruição de culturas por bandos de javalis, porcos do mato ou capivaras, o que introduz no meio rural uma frustração de safra inesperada. A produção de alimentos volumosos em sistemas de pastejo rotacionado é reduzida quando bandos de capivaras abandonam seu habitat natural, invadem pastos e atacam campos cultivados com cana-de-açúcar implantados como reserva forrageira.

Os problemas não se restringem à destruição de culturas, já que outros transtornos podem ser detectados pela explosão populacional descontrolada de animais selvagens. Por exemplo, acidentes nas estradas e grande infestação de carrapatos por capivaras em áreas onde não existem animais domésticos têm criado problemas de desconforto ao homem que trabalha no campo e promovido mortalidade também de habitantes urbanos, por disseminação da febre maculosa.

Nos países mais evoluídos, onde a preservação de animais selvagens é conduzida há mais tempo, os problemas também existem. Entretanto, fundos específicos são instituídos para cobrir o prejuízo advindo da destruição de culturas agrícolas e, assim, o fazendeiro que investiu tempo e dinheiro em sua atividade de geração de renda é, de certa maneira, recompensado com recursos públicos, ou seja, toda a população paga pela preservação ambiental. Além desses aspectos, existem programas de controle populacional por meio de caça de desbaste, logicamente sob fiscalização, e cuidados para que problemas graves não ocorram com a saúde humana ou dos animais domésticos.

Os problemas decorrentes da explosão populacional de animais selvagens no Brasil indicam que as medidas implantadas necessitam de revisão, pois a atividade agrícola, a saúde humana e dos animais merecem tratamento diferenciado. Além dos problemas mencionados, existem possíveis dificuldades no controle de surtos de febre aftosa, pelo aumento no número de animais com casco partido, fato que promoveria perdas econômicas muito sérias no agronegócio brasileiro.

NÍVEL TECNOLÓGICO DAS FAZENDAS LEITEIRAS

REVISTA BALDE BRANCO - Nº 575 - SETEMBRO DE 2012

É comum no Brasil caracterizar níveis tecnológicos para fazendas produtoras de leite com base na aparência resultante de investimentos em instalações, máquinas, equipamentos e adoção de determinadas práticas zootécnicas consideradas modernas ou avançadas. É atribuído nível 'alto', quando a propriedade, além de bem equipada, também faz uso sistemas de produção que possibilitam produções elevadas para vacas em lactação.

Nem sempre as fazendas que apresentam o perfil caracterizado como de 'alta' tecnologia mostram resultados zootécnicos e econômicos bons porque não exploram com racionalidade e eficiência os recursos produtivos e utilizam quase toda a renda para pagamento das despesas de custeio, fato que resulta em margens muito pequenas ou mesmo negativas.

Erros conceituais na condução do sistema levam à percepção de que o uso de tecnologia aumenta o risco da atividade, já que na avaliação econômica o custo operacional é muito alto e o custo total é difícil de ser coberto, porque o cálculo engloba, também, depreciações e remuneração do capital empatado na atividade.

Nessas condições, a atribuição de bom nível tecnológico não faz sentido e colabora para que o conceito de tecnologia seja bastante deturpado, fazendo com que muitas pessoas acreditem que é sinônimo de prejuízo certo na atividade leiteira. Na realidade, a tecnologia é utilizada para adequar o manejo ao sistema de produção, possibilitar o uso eficiente dos recursos produtivos e, associada a um gerenciamento racional, garantir condições para a obtenção de resultados econômicos favoráveis.

Se essas premissas não forem obtidas, é possível afirmar que a fazenda, apesar de bem equipada e de utilizar práticas cientificamente aprovadas, não trabalha com tecnologia. A aparência e riqueza não podem ser utilizadas para caracterizar nível tecnológico.

Quando o fazendeiro utiliza rebanho desqualificado para produção de leite, com proporção muito pequena de vacas em lactação, monta natural com touros inapropriados, pastos 'naturais' ou plantados com espécies forrageiras rústicas em terrenos de baixa fertilidade, suplementação mineral com sal branco de vez em quando no cocho, e não possui máquinas, equipamentos, nem sala de ordenha, a propriedade é classificada como de 'baixa' tecnologia.

Na realidade não se trata de baixa tecnologia, mas, sim, de ausência de tecnologia, pois o conceito empregado é extrativista, não havendo controle do processo produtivo, nem exploração dos fatores de produção existentes na fazenda. Nestas condições, a produção por vaca do rebanho por ano é pequena, a lotação dos pastos é muito baixa e a criação de machos é importante porque garante uma renda extra para enfrentar dificuldades. O modelo é utilizado em agricultura rudimentar de subsistência.

A atribuição de um nível tecnológico nessas condições não faz sentido e também contribui para que o conceito de tecnologia seja deturpado, visto que na fazenda nada pode ser justificado sob o ponto de vista do conhecimento técnico-científico acumulado sobre produção de leite.

As fazendas classificadas como de 'média' tecnologia estariam no meio do caminho entre a produção extrativista e a exibicionista, e são, geralmente, consideradas muito problemáticas sob o ponto de vista econômico.

Nos países de pecuária evoluída não existe classificação por nível tecnológico, mas as propriedades podem ser caracterizadas e classificadas com base em resultados zootécnicos e econômicos. Por exemplo, os serviços de extensão rural podem publicar periodicamente dados sobre o desempenho das fazendas, revelando um valor mínimo, máximo e médio dos resultados obtidos na região, para que o fazendeiro possa ter uma ideia da situação em que se encontra sua propriedade em termos de utilização eficiente dos recursos produtivos e dos resultados econômicos.

Apesar de as fazendas serem muito semelhantes sob o ponto de vista de animais, manejo do rebanho, instalações, máquinas, equipamentos e práticas agrícolas, os resultados conseguidos não são os mesmos porque a condução da atividade e a maneira de utilizar os recursos produtivos diferem. Algumas propriedades são bem equipadas, mas nem por isso conseguem produção econômica satisfatória e, então, abandonam a atividade. É comum encontrar fazendas vizinhas, semelhantes sob o ponto de vista estrutural, apresentando desempenhos muito diferentes, porque o gerenciamento racional dos recursos produtivos independe do que a fazenda tem, utiliza ou aparenta.

Há necessidade de mudança na maneira de julgar fazendas leiteiras, para que a tecnologia seja valorizada e possa, então, contribuir, como se espera, para a melhoria do setor. Inúmeras propriedades apresentam bons resultados zootécnicos e econômicos utilizando sistemas muito simples, mas com exploração racional dos fatores de produção e bom gerenciamento, mostrando que este é o caminho para a implantação de pecuária leiteira de bom nível tecnológico no país.

SIGNIFICADO DE SISTEMA DE PRODUÇÃO

REVISTA BALDE BRANCO - Nº 576 - OUTUBRO DE 2012

Entender o significado de sistema de produção é fundamental para a condução de fazendas leiteiras, isso porque a visão do conjunto passa a ser tão importante quanto à preocupação com o detalhe, quando se planeja e se executa o manejo.

Sistema pode ser definido como uma unidade produtiva caracterizada por um potencial e por índices zootécnicos e econômicos, que refletem como os recursos produtivos são manipulados. Por esse motivo, nem sempre os resultados obtidos estão de acordo com o potencial instalado, pois a utilização do conjunto de fatores que influencia a produção e racionaliza o processo produtivo depende do gerenciamento.

O administrador deve ter conhecimento e habilidade para identificar problemas ou pontos fracos e, de maneira consciente, propor medidas corretivas e, ao mesmo tempo, avaliar alternativas para que os resultados econômicos sejam satisfatórios.

É importante que se considere que o sistema depende da maneira como se trabalha com pessoas, vacas adultas, animais em crescimento, solo, capital, e outros recursos disponíveis, para que se possa entender por qual razão fazendas semelhantes apresentam resultados diferentes ou porque propriedades diferentes podem apresentar resultados praticamente iguais.

A mão de obra deve ser qualificada para programar e desenvolver atividades fundamentais como alimentação, reprodução, sanidade e ordenha, e interfere de maneira decisiva no resultado obtido. O solo é outro fator a ser explorado para produção intensiva, econômica e sustentável de alimentos para o rebanho e, para tanto, é necessário conhecimento para o uso programado em função de características físicas e químicas, causas de degradação, irrigação, etc.

Características do rebanho, como estrutura, qualificação dos animais e adaptação do mesmo ao manejo estabelecido, são de grande importância para a consolidação de sistemas. Existe no mundo uma diversidade muito grande de modelos de produção, porque as técnicas e as medidas adotadas são adequadas aos recursos climáticos, econômicos e sociais encontrados nas fazendas leiteiras, e a adoção de um determinado sistema é também reflexo da disponibilidade de terras agriculturáveis, do grau de escolaridade das pessoas envolvidas, da disponibilidade de grãos e resíduos industriais, do desenvolvimento tecnológico, dos hábitos culturais e das características de mercado.

Os inúmeros fatores envolvidos no estabelecimento e condução do sistema permitem justificar o fato de que não existe um modelo único, pré-estabelecido, a ser implantado, pois fatores limitantes podem estar presentes em uma propriedade, e não em outras.

Fatores restritivos de diferentes naturezas e características podem ocorrer como resultado da ação do homem, de fatores climáticos, edáficos, culturais e econômicos e, por esse motivo, a tentativa de cópia de um sistema implantado pode levar a resultados insatisfatórios e frustrantes.

Um bom exemplo poderia ser observado nas primeiras tentativas mal sucedidas de implantação de unidades de confinamento leiteira no Brasil, que utilizaram cópia fiel de animais, instalações, máquinas e equipamentos de fazendas americanas, mas não foram capazes de importar a conceituação técnica, não se preocuparam em qualificar a mão de obra e não possuíam conhecimento para produzir alimentos volumosos de boa qualidade e balancear as dietas.

Houve ainda casos, em que a tentativa foi feita com vacas mestiças sem persistência de produção, o que resultou em produções incompatíveis com o modelo implantado, porcentagem baixa de vacas em lactação por ano e aparecimento de vacas obesas em rebanhos confinados.

Outros erros conceituais significativos no estabelecimento de sistemas produtivos, ainda encontrados com frequência no país, são: a tentativa de introdução de vacas de produção elevada, com curvas de lactação apresentando boa persistência, em fazendas com mão de obra desqualificada; propriedades que não adubam, nem manejam bem os pastos; produção de volumosos conservados de baixa qualidade, mesmo utilizando silagens de milho ou de sorgo; não controle do processo reprodutivo; desconsideração quanto às exigências nutricionais, e pouca importância a aspectos sanitários.

O fracasso em tais condições contribui para que continue arraigado no país o conceito de que o clima tropical é inapropriado para a utilização de animais especializados, pois nas mesmas condições os mestiços considerados mais rústicos e menos produtivos são mantidos sem problemas. Este é um exemplo da tentativa de mudar o conceito estabelecido considerando um detalhe (troca de matrizes), e não o todo.

Já o sucesso de inúmeras fazendas que são capazes de eliminar fatores restritivos à introdução de vacas especializadas não consegue eliminar a teoria do clima inapropriado, nem a procura insistente e irrealista por animais rústicos que sobrevivem em meio inadequado e são bons de produção.

O estabelecimento de sistemas de produção de leite com bons resultados econômicos depende da análise do que existe, do equacionamento das medidas a serem implantadas, do controle sistemático e da interpretação de índices zootécnicos e econômicos. Tudo isso requer conhecimento gerencial e técnico.

FAZENDA DE GADO NÃO DÁ LUCRO, SÓ PREJUÍZO

REVISTA BALDE BRANCO - Nº 583 - MAIO DE 2013

Esta proposição é ouvida com frequência entre os habitantes das cidades, que são proprietários de glebas rurais e tentam estabelecer uma atividade produtiva qualquer, que pelo menos pague as despesas operacionais. Se a conversa se arrasta por um período mais longo, detalhes das experiências frustrantes, invariavelmente passam pela infeliz tentativa de tirar leite, ocasião em que o prejuízo foi maior e levou à tentação de vender a fazenda, que de lugar agradável passou a ser fonte de preocupação e desassossego.

Não é raro deparar com donos de fazenda que fizeram tentativas com frangos, porcos, cavalos de raça, hortaliças, criação de rãs e muitas outras atividades, e todas as experiências terminaram em decepções e angústias. Quando nada dá certo e a propriedade não é posta à venda porque faz parte de um sonho, garante lazer para os filhos e pode dar certo 'status' perante a sociedade, se parte, então, para a criação extensiva de gado de corte, que exige pouca mão de obra e uma quantidade menor de insumos.

Mas a aparente tranquilidade é perturbada pelo resultado econômico duvidoso, o que leva à lembrança dos conselhos de conhecidos mais velhos e experientes que afirmavam, a partir de experiência própria, que fazenda de gado não dá lucro.

A criação de bovinos parece ser simples, bastando para tanto, a posse de animais rústicos, que não exijam muitos cuidados e áreas de pastagem, o que cria condições para o estabelecimento de atividades típicas de subsistência para agricultores que possuem terra e tentam nela sobreviver. Neste caso, o interesse não é o lucro, mas, sim, uma atividade de baixo custo, que permita gerar alguma renda para a manutenção da família.

O modelo é utilizado pelos pequenos agricultores familiares e, também, nos assentamentos de reforma agrária, onde muitos que recebem terra não têm origem rural e procuram atividades mais fáceis, simples e que não exijam muito trabalho. As vacas dão cria, o rebanho pode aumentar, e a grande vantagem é a liquidez dos bovinos, o que os transforma em poupança para venda em situações de dificuldades financeiras.

A proposta de criação extensiva de gado, com ordenha das matrizes que eventualmente dão cria, garante, além de alimento, um 'leitinho' para venda, o que possibilita uma renda mensal muito bem vinda. O trabalho se resume em ordenhar alguns animais, cuidar de ferimentos eventuais, das vacinações, e combater ectoparasitos, como berne e, se for o caso, carrapato.

A limpeza manual dos pastos é um trabalho eventual árduo, principalmente, em regiões montanhosas e, muitas vezes, sobra tempo e disposição para trabalhar como boia-fria em fazendas da região, o que aumenta a renda familiar e garante subsistência.

Tanto no caso do proprietário de terra, que tem atividade remunerada na cidade e a fazenda não é fonte de subsistência, como no do chamado agricultor familiar, a criação extensiva de bovinos é atrativa, mas não possibilita ganhos expressivos e qualquer tentativa de melhoria pode levar a prejuízos operacionais se a proposta não for tecnicamente viável. Esse fato normalmente ocorre quando existe tentativa de sofisticação com a introdução de alguma atividade considerada moderna e evoluída, apresentada pela mídia como capaz de operar verdadeiro milagre na fazenda.

Por outro lado, a facilidade de se obter sugestões de amigos ou vizinhos na tentativa de solução rápida e barata para os problemas e a esperança de dias melhores são forças que dificultam ou impedem compreender as razões dos problemas existentes. Tocar uma fazenda na base da tentativa e erro não traz bons resultados, porque a incapacidade de geração de renda por desconhecimento dos fundamentos que devem nortear a atividade, invariavelmente permanece depois das ações aleatórias.

Criação de bovinos com objetivos econômicos é atividade complexa porque envolve conhecimentos de reprodução, nutrição, sanidade e, também, bem estar animal, além de exigir práticas de gerenciamento que permitam avaliar economicamente a atividade.

Exige também conhecimentos agronômicos para formar e explorar pastos perenes e nutritivos capazes de sustentar grande número de animais por unidade de área ou para a produção de volumosos de boa qualidade para sistemas de confinamento. Por tudo isso, não é possível obter bons resultados com amadorismo, adotando conceitos extrativistas, sem manipular com eficiência os fatores produtivos do sistema.

A maior complexidade da produção de leite pode ser atribuída ao fato de exigir, além de conhecimento técnico-científico, dedicação e administração eficiente, fatos que explicam porque a atividade nem sempre é considerada como bom negócio, quando tocada com amadorismo. A criação de bovinos precisa ser encarada como negócio e nenhuma empresa pode prosperar na base do 'eu acho', 'vou tentar' e 'agir para ver o que acontece', torcendo para que a criação de gado possa trazer satisfação e bons resultados econômicos.

AVALIAÇÃO FAVORÁVEL E DISTORCIDA

REVISTA BALDE BRANCO - Nº 592 - FEVEREIRO DE 2014

A consolidação do Brasil como um dos líderes mundiais na atividade agropecuária tem o reconhecimento, também, de quem vive nos centros urbanos, pois nada menos que 81,3% da população das 12 maiores capitais dos Estados brasileiros a consideraram como sendo muito importante para a economia nacional, de acordo com pesquisa realizada em 2013 pela ABAG (Associação Brasileira do Agronegócio) em conjunto com a ESPM (Escola Superior de Propaganda e Marketing).

No estudo, quando apresentado, o quesito orgulho nacional entre os setores da economia, a atividade rural é classificada em quinto lugar; na de profissões vitais, nada menos que 83,8% dos entrevistados consideraram a profissão de agricultor muito importante para quem mora nas cidades.

A boa imagem da agropecuária brasileira pode também ser encontrada em outras nações, que a consideram pujante e fundamental para produção de alimentos, sendo o país considerado um dos celeiros do mundo, com capacidade para abastecer o mercado interno de 200 milhões de pessoas, e ainda, apresentar exportações crescentes de alguns produtos agrícolas.

Visitantes de diferentes países ficam impressionados com o potencial determinado por clima, relevo, disponibilidade de água e características dos solos, potencial produtivo dos pastos tropicais e, principalmente, pela obtenção de produtividades elevadas. Espantam-se com a possibilidade de se obter, quando existe irrigação, até três safras de grãos numa mesma gleba, e também com a alta produtividade de carne e de leite por hectare de pastagem, muitas vezes, considerada impossível em regiões de clima temperado.

A aplicação de conceitos científicos na agropecuária mudou o panorama de uma parcela do meio rural, e contribuiu para enterrar de vez, o complexo de inferioridade com relação à agricultura dos países desenvolvidos.

Apesar da boa avaliação e caracterização, a atividade rural tecnificada também sofre de preconceitos injustificados, difundidos para a população urbana, que não foram identificados na pesquisa. Existem correntes ideológicas muito combativas e atuantes que a associam com desmatamento, degradação ambiental, uso indiscriminado de agrotóxicos e fertilizantes, domínio territorial impedindo a 'democratização do uso do solo' e trabalho escravo e infantil.

Todas essas tolices são fruto de ignorância associada à cegueira mística, pois a atividade conduzida dentro de preceitos científicos tem de ser conservacionista para que mantenha alta produtividade. A aplicação de ciência na agricultura, promovendo a chamada 'revolução verde', eliminou de vez o risco de fome e, mais do que isso, impediu que florestas fossem totalmente devastadas para dar lugar à agricultura tradicional, extrativa, ao elevar a produtividade das glebas que estavam em uso.

Na agricultura moderna, o emprego correto e consciente tanto de fertilizantes como de agrotóxicos é indispensável, para que poucas pessoas produzam muito alimento a fim de abastecer as grandes comunidades urbanas e para que estudos técnicos mostrem que o ambiente não é agredido.

A simples distribuição de terras não garante preservação nem produção de alimentos, como pode ser visto nos inúmeros assentamentos espalhados pelo Brasil, onde prevalece a tentativa de agricultura sem tecnologia e manutenção de extrativismo, gerando pouca renda e, por conta disso, a extração ilegal de madeira é frequente.

O trabalho escravo não é exclusivo do meio rural, sendo mais relacionado com subdesenvolvimento, fronteira agrícola e trabalhadores de baixo nível cultural, tanto que a maior ocorrência se encontra nos Estados do Pará, Maranhão e Goiás. Nessas regiões as atividades econômicas se concentram nas fazendas, e assim, o destaque é para a atividade rural, deixando em plano secundário, casos encontrados nas grandes metrópoles pela utilização de imigrantes ilegais na confecção de roupas.

Trabalho infantil injustificado pode ser caracterizado tanto nas cidades como no campo, mas é aí que está a repercussão, apesar de ser típico de regiões pobres e atrasadas, onde o jovem é forçado a contribuir para a renda familiar. Existem casos apresentados como trabalho infantil porque, na pequena propriedade de agricultura familiar, os filhos colaboram na rotina de trabalho, mesmo desconsiderando o fato de que o jovem estuda e é bom aluno. A manchete na mídia dirá que as crianças são exploradas pelos pais, sem considerar que no mundo todo, os jovens participam da rotina de trabalhos, ocasião em que aprendem a gostar da roça, adquirem conceitos de disciplina, se preparam para dar continuidade à atividade rural e aceitam mais facilmente as inovações.

O meio rural evoluído, apesar de ser aparentemente bem conceituado, deve analisar os pontos fracos de sua imagem, para que possa melhorar sua avaliação pela sociedade urbana, tentando eliminar preconceitos que ainda persistem. Um setor que garante segurança alimentar e se constitui num dos pilares da economia, merece respeito e consideração de quem vive fora do campo.

RECEIO DE TECNOLOGIA

REVISTA BALDE BRANCO - Nº 598 - AGOSTO DE 2014

Existem indicações claras de que ainda persistem no Brasil restrições de diferentes naturezas para a adoção de conceitos técnicos, fundamentados em conhecimento científico, destinados à melhoria da produção de leite, sob o ponto de vista de quantidade, produtividade e, sobretudo, de transformação da pecuária leiteira em atividade atrativa quanto à economicidade.

Por exemplo, se comenta com frequência que a produção leiteira média do país é atrasada, resultando em índices baixos de produtividade, dificuldades para a implantação de programas de qualidade do leite e redução nos custos de coleta devido à pulverização da produção por uma área muito grande. Quando se argumenta que a solução para esses problemas seria obtida com a melhoria na produtividade das fazendas leiteiras por intensificação, surgem manifestações contrárias de todos os segmentos da cadeia produtiva, justificando que a tecnificação poderia resultar em excesso de produto no mercado, pois, é assustador pensar que uma pequena fazenda de 40 hectares possa produzir mais de um milhão de litros de leite por ano. Existe, assim, temor de que a introdução ampla de conceitos atualizados de produção poderia trazer problemas para o setor, porque o risco de ocorrência de excedentes levaria ao aviltamento dos preços pagos aos produtores e à elevação de estoques de produtos industrializados.

Não se sabe até que ponto, esta indisposição dificulta a conscientização da importância de se promover mudanças profundas na produção de leite no Brasil. O resultado da introdução de tecnologia é encarado com desconfiança e receio num setor reconhecidamente defasado da realidade da produção leiteira, e incapaz de evoluir significativamente com o passar dos anos.

Indicações sobre cautela no emprego de tecnologia podem também ser detectadas em textos, palestras e comentários, porque existe bem difundida a ideia de que significa elevação de custos de produção e, consequente, redução da viabilidade econômica da atividade, já que para tanto, há a necessidade de aporte grande de capital para investimentos em máquinas, instalações, equipamentos e insumos. Recomendação recentemente publicada alertava que "*o sistema de baixa produtividade utiliza poucos insumos, razão pela qual seu custo por litro é baixo e o lucro é alto. Por outro lado, o sistema de alta produtividade utiliza grandes quantidades de insumos, motivo que eleva o custo e reduz o lucro no curto prazo*".

A ideia de que fazendas que adotam tecnologia estão mais sujeitas a riscos porque os custos são altos e as margens são menores é fundamentada na análise econômica, sem verificação de índices que poderiam indicar problemas de falta de racionalização no uso dos recursos produtivos, manutenção de estruturas inadequadas de rebanho para a produção de leite e gastos, muitas vezes, consideráveis em atividades que não resultam em elevação da renda.

Não existe uma conceituação precisa do significado de tecnologia, que passa então a ser definida pelo patrimônio da fazenda e a média de produção das vacas em lactação, uma informação que, tomada isoladamente, não indica eficiência da atividade.

Deficiências técnicas e administrativas podem ser inconscientemente incorporadas na proposta de tecnologia, porque os sistemas implantados nem sempre são viáveis e, assim, se alastra o receio de que a tentativa é para poucos, trazendo riscos e incertezas. A concepção generalizada de que tecnologia está associada a dificuldades econômicas é antagônica à encontrada em regiões desenvolvidas, onde se aplica tecnologia visando melhorar e aprimorar o uso dos fatores produtivos e incrementar o resultado econômico das fazendas produtoras de leite.

Grande número de fazendeiros e técnicos não mostra disposição para o uso de tecnologia em sistemas de produção que exigem investimentos menores, porque, muitas vezes, procuram melhorar a atividade introduzindo algumas técnicas isoladamente no sistema de produção e não conseguem resultados favoráveis, sob o ponto de vista econômico, uma vez que nem sempre mudam a produtividade. Por exemplo, aumentar a quantidade de concentrado para elevar a produção diária das vacas em lactação não significa intensificar a atividade, porque somente o aumento de produção da vaca média é que indicaria produção tecnificada. Além disso, se com o manejo, o rebanho fosse bem nutrido, saudável, com reprodução regular, mantido em condições de estresse mínimo em ambientes adequados e conduzido por pessoas capacitadas a entender, analisar e tomar decisões corretas na rotina diária das fazendas leiteiras, não teria sentido propor elevação na quantidade de concentrado.

Confundir aplicação de algumas técnicas isoladamente com tecnologia resulta em receio de que a aplicação de ciência para a produção merece ser encarada com cautela. O desconhecimento do significado real e correto do que é tecnologia dificulta uma mudança radical na concepção de como produzir leite no Brasil, de modo a colocar o país num patamar de produtor eficiente.

O QUE É INTENSIFICAÇÃO NA PRODUÇÃO DE LEITE?

REVISTA BALDE BRANCO - Nº 600 - OUTUBRO DE 2014

A palavra intensificação é frequentemente utilizada como sinônimo de aplicação de tecnologia e gerenciamento para tornar o sistema mais eficiente e lucrativo. Assim sendo, o trabalho deve ser orientado para o conjunto de fatores que afetam a produção e a produtividade por meio de utilização racional e eficiente dos recursos produtivos. Com o trabalho adequado, se procura alterar o funcionamento da atividade, o que pode ser evidenciado por índices demonstrativos do aproveitamento adequado da estrutura estabelecida, de racionalização e uso consciente dos recursos financeiros. Não tem sentido caracterizar intensificação quando existe intervenção em um único segmento do sistema.

Para que haja intensificação, é necessário conhecer o sistema, pensar aonde se pretende chegar, analisar os riscos das tomadas de decisão e estabelecer metas definidas e factíveis. Na realidade, intensificar significa planejar a atividade como um todo, manipular fatores de produção, estabelecer controle efetivo de custos e receitas e, sobretudo, ter certeza de que a proposta de trabalho é adequada para o sistema estabelecido.

O planejamento deve ser específico para uma unidade produtiva, pois cada propriedade é um sistema com características próprias, não havendo uma receita geral para intensificação. Deve-se também considerar que o ciclo de produção com gado de leite é longo e, por isso, a resposta da intensificação deve ser analisada em períodos amplos, subentendendo-se que existe a necessidade de controle efetivo do que está acontecendo durante o trabalho.

O uso consciente de tecnologia no aproveitamento dos recursos produtivos e administração firme para evitar gastos sem retorno deve servir de base para modificar a eficiência do uso do solo, da produtividade da mão de obra e da exploração do rebanho.

O ponto de partida é programar o manejo para que o rebanho seja adequadamente nutrido, tenha saúde, não sofra estresse e reproduza regularmente, e que a estrutura do rebanho seja controlada, a fim de se obter o maior número possível de vacas em lactação para a geração de renda.

Alguns índices resultantes de um trabalho real de intensificação numa fazenda de 20 hectares podem revelar as alterações ocorridas no sistema de produção e seus reflexos sobre a economicidade. Os números iniciais são confrontados com os coletados após a intervenção e indicam evolução nítida com a aplicação de tecnologia e racionalização das atividades e gerenciamento.

São eles: renda do leite por renda total de 86% para 94%; média diária de vacas em lactação de 11,6 litros para 18,0 litros; média diária de produção por vaca do rebanho por ano de 8,6 litros para 13,5 litros; percentual de vacas em lactação no rebanho de 35% para 42%; percentual de vacas em lactação por ano de 73% para 75%; vacas em lactação por hectare de 2,5 para 3,1; produção média diária de 358 litros para 1.192 litros; produção por hectare por ano de 10.799 litros para 21.724 litros; fluxo de caixa mensal de R$ 1.358,00[1] para R$ 12.478,00; despesas de custeio por renda bruta de 69% para 56%; lucro por vaca por ano de - R$ 455,00 para + R$ 728,00 e taxa de retorno do investimento de - 3,50% para + 8,15%.

Pode-se notar que ainda existem fatores produtivos a serem trabalhados, com a finalidade de alavancar a eficiência do sistema melhorando o percentual de vacas em lactação, percentual de vacas em lactação no rebanho e o número de vacas em lactação por hectare, mas a implementação dessas mudanças depende da conscientização do fazendeiro, no sentido de alterar algumas de suas concepções, sobre como produzir leite visando obter um rebanho com boas vacas leiteiras e que seja bem estruturado.

Não é difícil introduzir conceitos de intensificação nas fazendas, mas é comum surgirem dúvidas sobre a necessidade de se trabalhar com vacas de boa persistência de produção, pois a tendência é a utilização de mestiças com sangue Zebu, pelas vantagens aparentes que oferecem, sem um programa efetivo de descarte.

Surgem também resistências sobre a alteração da estrutura do rebanho, visto que animais improdutivos constituem uma reserva de dinheiro para enfrentar dificuldades ou complementar uma renda reduzida e existe expectativa de que as novilhas criarão um futuro diferente. Um rebanho bem estruturado, com ou sem novilhas, é fundamental para a melhoria de renda e a racionalização de custos.

Sem uma proposta realista e consciente de intervenção na fazenda, os

---

1Dólar em 01.10.2014 cotado a R$ 2,4617.

resultados da tentativa de intensificação podem ser decepcionantes, porque os ganhos talvez não sejam compatíveis com os custos. Por esse motivo, surgem sempre, questionamentos sobre a validade de aplicação de tecnologia para tornar a produção de leite mais eficiente e rentável.

PENSANDO O LEITE - VOLUME I

EDUCAÇÃO, PESQUISA E EXTENSÃO

O QUE VALE O BOM CONSELHO

REVISTA BALDE BRANCO - Nº 366 - ABRIL DE 1995

Nas regiões em desenvolvimento são comuns as trocas de informações entre agricultores que procuram sugestões para a solução das dificuldades encontradas nas fazendas. Com muita frequência, o conselheiro sugere que seja feita uma experiência, revelando assim, dúvidas e preocupações sobre algo que não domina, mas pensa ser capaz de resolver. Os resultados positivos são sempre exaltados, mas os negativos não recebem a devida divulgação, por constrangimento, medo do ridículo, ou simples desilusão. Prejuízos de vulto podem ocorrer como resultado de conselhos bem intencionados, mas desprovidos de fundamento ou exequibilidade. Por exemplo, a ureia difundida na década de 1960, com o objetivo específico de reduzir custos de alimentação, provocou grande mortalidade de bovinos, devido a tentativas inadequadas de uso. As dificuldades para divulgação de tecnologias advêm do fato de serem sugeridas por quem não tem certeza, e testadas por quem desconhece o assunto.

No mundo desenvolvido, a assistência técnica é o instrumento utilizado para solucionar as inúmeras e constantes dúvidas dos agricultores, que não possuem conhecimentos básicos sobre a complexa interação solo-planta-animal, ou não encontram tempo para a atualização. Com isso, as informações são precisas, os resultados previsíveis e os progressos constantes.

O desenvolvimento da agricultura pode ser atribuído à aplicação de conceitos científicos no manejo do solo e no uso das plantas e dos animais. Quando existe conhecimento sólido, o setor agrícola mantém-se atualizado e encontra condições para o crescimento rápido e ordenado.

No Brasil, a necessidade e a eficácia do aconselhamento técnico são frequentemente questionadas. A tradição estabelece que o técnico não tenha responsabilidade pela sugestão oferecida, e o agricultor considere sua, a prerrogativa de aceitar ou não a proposta apresentada. Por isso, torna-se possível alocar técnicos despreparados para a função, pois suas atribuições se restringem ao aconselhamento. Mesmo quando existe uma boa proposta, o agricultor pode modificá-la, já que os resultados não serão acompanhados nem cobrados por quem sugeriu a tecnologia. A assistência assume assim uma característica muito semelhante à simples troca de informações, que acontece nos parques de exposição, lojas de produtos agropecuários ou qualquer lugar de aglomeração de agricultores ávidos por informações.

O estabelecimento de outro tipo de assistência técnica poderia criar no fazendeiro a consciência do resultado e, no técnico, a obrigação de garantir o que foi proposto. Indivíduos despreparados, desatualizados e incompetentes não conseguem trabalhar num sistema de cobrança contínua, onde a consequência seria importante para as partes envolvidas. Num mercado competitivo, os melhores profissionais iriam se associar aos agricultores mais avançados, pois só existiria interesse na elevação da produtividade com objetivos econômicos. O princípio da proposta é simples e objetivo: quem paga quer retorno e quem vende deve garantir resultados.

A introdução de assistência técnica a grupo de produtores foi resultado da iniciativa pioneira de cooperativas que vislumbraram a possibilidade de oferecer a seus associados uma nova proposta. Um grupo se une e contrata um profissional treinado e capacitado a exercer assistência técnica de resultados. Como tem possibilidade de trabalhar com um número relativamente grande de fazendas (20 a 25 com frequência mensal de visitas), o profissional fica radicado na região, recebendo remuneração justa e, o que é mais importante, avaliação permanente e constante por parte da comunidade. Com essa metodologia, os fazendeiros podem receber auxílio efetivo para que sua propriedade possa evoluir. O resultado do trabalho desenvolvido em muitas fazendas indica que assistência técnica é o componente mais barato do custo e o mais significativo na melhoria da eficiência, produtividade e economia da produção de leite.

MUDANÇAS E ESPERANÇAS

REVISTA BALDE BRANCO - Nº 373 - NOVEMBRO DE 1995

Viver do leite, trabalhar com satisfação e utilizar a família como instrumento para a criação de uma atividade produtiva, racional e econômica foi a fórmula encontrada pelos fazendeiros dos países desenvolvidos para o estabelecimento de uma pecuária sólida e bem estruturada. Os pequenos produtores do início da atividade tiveram a oportunidade de gerar renda suficiente para garantir meios de subsistência, conforto e, finalmente, investimentos para o crescimento contínuo e programado. A não ser por herança, transferência de capital ou sorte no jogo, ninguém nasce grande e, por isso, somente com trabalho, racionalidade e dedicação se torna possível conseguir sucesso e crescimento na produção leiteira.

O conceito de profissionalização deve ser alicerçado na proposta de que sempre existe um potencial latente que pode ser explorado, visando à resultados crescentes, compatíveis com a realidade. Na história do desenvolvimento do setor leiteiro, muitos microprodutores se tornaram pequenos e, finalmente, grandes, comprando, se necessário, as fazendas dos vizinhos, que foram obrigados a vender por incapacidade administrativa, falta de interesse ou competência para produzir leite.

A perspectiva de crescimento do pequeno produtor sempre foi considerada difícil no Brasil, porque existe o tabu das terras pobres, do clima desfavorável e do reduzido poder de investimento. O conceito de tecnificação é, entre nós, distorcido pela aplicação de recursos vultosos em atividades não produtivas. Assim, a proposta de produção intensificada ficaria restrita às grandes fortunas, compatíveis com construções suntuosas, máquinas e equipamentos sofisticados, gado de elite e técnicas de 'última geração', aplicadas em sistemas de confinamento. Aos outros, sobraria a pobreza, baixa produtividade e permanência num patamar típico de subdesenvolvimento. É generalizada a ideia de que o leite está associado com pobreza e falta de perspectivas para o futuro.

Inconformados com a realidade e acreditando no cooperativismo, dirigentes e técnicos se associaram para iniciar um trabalho para modificar o panorama. Verificou-se que faltava a muitos produtores o acesso ao universo da verdadeira tecnologia, caracterizada por propostas simples e efetivas. Quando se abandona o conceito de 'tecnologia da pobreza', que tem por objetivo minimizar os problemas com soluções baratas e ineficazes, e a da 'riqueza', com propostas de estímulo à vaidade, usando soluções caras e muitas vezes inócuas, se verificam resultados surpreendentes.

Tecnificar significa criar condições para que a vaca seja nutrida, tenha conforto e saúde para reproduzir, e, então, produzir leite em qualquer sistema de produção. Assim, se torna necessário equacionar o problema da fertilidade do solo, produzir volumoso de boa qualidade, programar o controle de doenças e parasitos, e manejo para evitar estresse em vacas com potencial leiteiro.

É animador, estimulante e gratificante, mas não surpreendente, saber que um produtor que entregava 100 litros por dia conseguiu, em pouco tempo, com o trabalho da família e o mesmo rebanho do seu sítio, uma cota próxima de 500 litros, e que deverá produzir 1.000 num futuro próximo. Tudo isso está sendo conseguido sem sofisticação, luxo ou beleza, mas solidamente alicerçado em tecnologia posta à disposição pela cooperativa. Ser chamado de louco não teve a menor importância, pois acabou se transformando em modelo por ter adubado pasto, alimentado as vacas e conseguido crédito para construir um rancho com ordenha balde ao pé para a entrega de leite B. Os vizinhos que estão agora tentando imitar o exemplo estão também obtendo resultados palpáveis, pois a fórmula é de sucesso.

Mudanças detectadas entre inúmeros produtores sinalizam perspectivas muito favoráveis para o futuro, não só dos pequenos, como também dos médios e grandes produtores, que decidiram investir em tecnologia. Surgem assim, no Brasil, a esperança de profissionalização e a difusão da ideia de que produtores de leite são indivíduos que trabalham muito, tem cheiro de vaca, mas apresentam resultados na tarefa de produzir o mais nobre de todos os alimentos.

FÁCIL ENTENDER, DIFÍCIL EXPLICAR

REVISTA BALDE BRANCO - Nº 376 - FEVEREIRO DE 1996

Em dezembro de 1995 estiveram no Estado de São Paulo, técnicos de grande renome internacional no setor leiteiro, que ficaram impressionados e surpresos com o potencial do Brasil. A exemplos de outros, oriundos do mundo desenvolvido que nos visitaram no passado, disseram que não tinham conhecimento da realidade, pois normalmente são divulgados somente aspectos negativos das regiões tropicais, onde estão vários países em desenvolvimento, que apresentam índices baixos de produtividade e quantidade de leite insuficiente para a população. Por isso, esperavam encontrar clima insuportável, solos impróprios para agricultura, forragens ruins, deficiências, doenças, inexistência de tecnologia e sistemas rudimentares de produção.

A primeira surpresa foi verificar, em dezembro, temperaturas amenas, como consequência de uma frente fria que trouxe chuva mansa e céu nublado. Esperavam encontrar calor sufocante, tempestades violentas e inundações repentinas, como a imagem estereotipada das regiões tropicais. Sabiam, mas não tinham pensado, que estação do ano, regime de chuvas, movimentação de massas de ar, ocorrência de ventos e altitude podem promover grandes modificações, criando microclimas favoráveis. Observando os campos cultivados, perfis de solos profundos, de boa estrutura física e sistemas eficientes de controle de erosão, perceberam que, com a aplicação de conceitos tecnológicos de agricultura evoluída, era possível produzir alimento de boa qualidade para o gado. Ficaram espantados com a capacidade produtiva dos pastos adubados, e facilmente compreenderam que os princípios básicos de manejo também funcionam nos trópicos, e que suplementação adequada pode trazer resultados surpreendentes. Não foi difícil para eles entender que a aplicação dos conceitos universais de nutrição, saúde, conforto e genética é capaz de possibilitar o que não esperavam: fazendas aptas a produzir leite.

Passada a surpresa, não ficaram chocados com os sistemas extrativistas que visitaram, porque reconheceram que num passado distante, eles também tentaram usar pastos em solos pobres, tirar leite de vacas sem potencial, alimentar sem critério, desprezar doenças e parasitos, ordenhar manualmente com o bezerro ao pé e entregar leite não resfriado. Tudo isso aconteceu numa época em que não se usava tecnologia, o leite era escasso e considerado mau negócio, porque a escala e a receita eram pequenas. Só não entenderam por que no mundo moderno ainda existem indivíduos vivendo como se estivessem no século XIX.

Não foi possível justificar conceitos errados, mas utilizados, que trazem resultados previsíveis e dispensam comentários para quem conhece a necessidade de profissionalização do produtor. Apesar de ouvirem, não aceitaram a procura de plantas milagrosas para os pastos, o melhoramento genético através da simples seleção de vacas de melhor produção, a tentativa da alimentação sem o atendimento das exigências nutricionais, e a procura do barato para viabilização do setor.

Não foi possível explicar aos estrangeiros a insatisfação de certos produtores com o cooperativismo, pois nos seus países foi o único instrumento para viabilização e sedimentação do setor leiteiro. Seria muito difícil encontrar argumentos para justificar a proposição de que a cooperativa é a grande culpada, quando se percebe claramente que não existe preocupação com qualidade de leite, escala de produção, eficiência, produtividade e, sobretudo, espírito de grupo.

Quando fica difícil explicar, não é também possível entender a manutenção de conceitos retrógrados, das práticas sem sentido, da procura do milagre e da perpetuação dos problemas crônicos do setor leiteiro, quando existem conhecimentos suficientes para alterações. Apesar de tudo, os visitantes ilustres voltaram para casa acreditando existir no Brasil um potencial agrícola imensurável, para garantir uma base sólida para um setor leiteiro moderno e produtivo. Foi muito fácil para todos, entender que está faltando divulgação, aceitação e, finalmente, aplicação de princípios científicos e tecnologias corretas para o estabelecimento de um número maior de fazendas produtoras de leite no país.

DESCOBERTAS SURPREENDENTES

REVISTA BALDE BRANCO - Nº 387 - JANEIRO DE 1997

Trancar a matrícula na universidade e procurar estágio em fazendas no exterior é, hoje em dia, uma atividade crescente entre os universitários brasileiros. Através de instituições estabelecidas, contatos pessoais ou simples espírito de aventura, jovens estudantes de agronomia, veterinária ou zootecnia procuram no exterior algo que os cursos não conseguem oferecer, uma visão aplicada do uso de tecnologia no processo produtivo e possibilidade de vivência em uma sociedade mais evoluída, com aprendizado de uma nova língua. Com grande frequência, a maior procura é por fazendas leiteiras, talvez por apresentarem sempre necessidade de mão de obra, trabalho o ano todo e, certamente, por ser a produção de leite uma atividade que desperta grande interesse nos jovens brasileiros.

Os estágios são geralmente remunerados, às vezes, com oferecimento de casa, comida, roupa lavada e alguns trocados. Surge sempre a oportunidade de moradia em fazendas profissionalizadas, nas quais o dono, a esposa e os filhos trabalham em conjunto para tirar da terra, através das vacas leiteiras, todo o sustento e ganho da família. Quando engajados nas grandes propriedades que contratam vários funcionários, também labutam ao lado dos membros da família, que continuam executando os trabalhos fundamentais, pois os objetivos são sempre os mesmos, e o leite considerado como um negócio e conduzido como tal. Se a experiência for em um kibutz de Israel, o estagiário terá oportunidade de vivenciar o significado do esforço coletivo, do poder das cooperativas e da importância de técnicos capacitados para solucionar problemas em máquinas, equipamentos e animais, tudo visando à eficiência e rentabilidade. Além desses aspectos, a convivência forçada com pessoas de todas as regiões do mundo oferece oportunidade ímpar para troca de conhecimentos, experiência e adaptação cultural.

Voltando ao Brasil, os universitários que viveram na Europa, América do Norte, Oceania e em Israel emitem opiniões muito interessantes que deveriam ser divulgadas para o setor leiteiro, objetivando meditações sobre fatos e coisas. Nem todos gostam da experiência e muitos revelam dificuldades de adaptação às diferenças culturais. Entretanto, todos são unânimes em reconhecer a seriedade e a simplicidade da proposta de produção. Muitos jovens que nunca tiveram a oportunidade de trabalhar com vacas tornam-se exímios ordenhadores e em pouco tempo estão capacitados a manejar o rebanho. A simplicidade das instalações, a 'sujeira' dos locais onde os animais são alojados, o uso restrito de medicamentos, o banimento dos antibióticos nos tratamentos das mastites, banhos para refrescamento no verão chamam a atenção por serem muitas vezes desconhecidos no país. Pessoas especializadas na manutenção de máquinas, toalete dos cascos, inseminação artificial e outras atividades transmitem, além de segurança, também a visão da simplicidade. Algumas instalações práticas e atividades consideradas importantes no Brasil são desconhecidas ou desconsideradas no exterior, mas a qualidade do leite, produtividade, eficiência e rentabilidade estão presentes em todas as regiões.

Entrevistas mais detalhadas com os recém-chegados revelam um fato surpreendente, quando se descobre que a situação das fazendas leiteiras do país provoca um impacto maior que a realidade evidenciada no exterior. Aparentemente os jovens não ficam impressionados com o que viram ou fizeram, mas, sim, com o que não conseguem ver em nosso meio. As dúvidas mais marcantes dizem respeito à complexidade das ações, e não encontram explicações para a tendência de sofisticação. Não conseguem entender a ordenha de vacas não especializadas que exigem esforço para pouco leite e tentam encontrar justificativas para a falta de atenção para a reprodução. O número elevado de problemas de casco é motivo de espanto e questionamentos, também direcionados para a descoberta surpreendente de que é possível complicar uma atividade que pode ser simplificada. A crítica dos jovens revela que algo precisa ser mudado, principalmente na atitude do produtor com relação às vantagens, à segurança e ação das cooperativas, que se constituem na base da produção de leite no mundo desenvolvido.

A DIFÍCIL TAREFA DE INFORMAR

REVISTA BALDE BRANCO - Nº 395 - SETEMBRO DE 1997

Quando o professor Nicolau Athanassof - por muitos considerado o pai da zootecnia brasileira - estudou em 1913 a cana-de-açúcar como alimento para os bovinos, chegou à seguinte conclusão: *"É pobre em substâncias azotadas, razão que por si só não pode constituir uma ração e deve ser adicionada de alimentos concentrados, ricos em princípios nutritivos como farinhas, farelos, tortas e mesmo um pouco de feno de boa qualidade. A cana-de-açúcar é uma excelente forragem quando usada com critério, em que se incluem outras forragens, permitindo ao criador alimentar com resultado o seu gado principalmente na época de escassez"*. Passados 60 anos, uma equipe de cientistas do mundo desenvolvido publicou uma série de trabalhos detalhados, mostrando meios de se conseguir resultados com o uso da cana-de-açúcar, revelando na realidade conclusões semelhantes àquelas do início do século XX. Estudos posteriores feitos no Brasil vieram confirmar o que já se sabia.

Depois de tudo o que foi dito, é de se estranhar que ainda existam polos de resistência para a utilização desse alimento volumoso e discussões acaloradas sobre a viabilidade ou as consequências da aplicação desse recurso forrageiro em fazendas leiteiras. Há bem pouco tempo, alguns fazendeiros urbanos, que acabavam de adquirir sítios para o fim de semana, foram aconselhados por técnicos a erradicar a cultura de cana-de-açúcar existente, pois jamais deveria ser usada para alimentar as poucas vacas mantidas para produzir leite fresco para consumo. Frequentemente, se ouve recomendações técnicas para banimento da cana-de-açúcar da dieta de gado mais apurado, pois como volumoso, só pode ser utilizada para animais mestiços e improdutivos.

A ideia de que a cana-de-açúcar é capaz de matar quando colocada na dieta ainda é bastante difundida no Brasil e com toda certeza é proveniente de experimentos realizados na década de 1960, quando se tentou utilizar a cana-de-açúcar como alimento exclusivo para ruminantes sem nenhuma suplementação. Os animais que participaram do trabalho foram definhando e acabaram morrendo por subnutrição. Ensaios de alimentação com rações totalmente desbalanceadas revelaram a impossibilidade do uso da cana-de-açúcar, por baixa produção de leite e grande perda de peso nas vacas submetidas à alimentação deficiente. Tudo isso aconteceu numa época em que já se conhecia exigências nutricionais e, portanto, devia-se saber que a cana-de-açúcar, que apresenta grande desequilíbrio na composição, só poderia ser usada com a devida correção. Deficiências de proteínas e minerais exigiriam, como já havia dito o professor Athanassof no início do século XX, a sua mistura com outros alimentos.

A transmissão de informações científicas nos países em desenvolvimento é uma tarefa difícil e complexa. As tentativas de orientação técnica para fazendeiros encontram barreiras na tradição, na ignorância, no analfabetismo e, sobretudo, na falta de parâmetros que levam o indivíduo a se situar num patamar tecnológico e, então, aceitar sugestões feitas por profissionais supostamente capacitados a solucionar problemas. As revistas de divulgação atingem muito mais o público urbano que o rural, e os programas de televisão tendem a mostrar as chamadas 'fazendas de elite' que nada sugerem para o meio rural atrasado e desinformado, que vive em outra realidade.

A formação deficiente de técnicos para o setor leiteiro é outro problema sério em diferentes regiões de pecuária atrasada. Falta de corpo docente capacitado, alunos criados em meios urbanos e programas inadequados de disciplinas levam a uma situação na qual a realidade passa a ser o modelo ideal a ser trabalhado e, com isso, propostas de tecnificação são muitas vezes consideradas irreais e impraticáveis. A cópia de modelos de produção de outros países é sempre sinônimo de 'alta tecnologia', gerando conceitos, às vezes, incompreensíveis para o meio rural.

Com tudo isso, técnicas desenvolvidas há oitenta e cinco anos ainda são questionadas, discutidas e motivo de palestras técnicas em congressos científicos. Não seria esse o momento oportuno para repensar o modelo de ensino, pesquisa e extensão para o setor leiteiro? Treinamento de pessoal especializado seria a maneira mais adequada para tentar colocar a pecuária leiteira do país, numa posição compatível com o conhecimento científico que existe hoje disseminado pelo mundo.

O QUE FAZER AGORA QUANDO TUDO ESTÁ CONFUSO

REVISTA BALDE BRANCO - Nº 396 - OUTUBRO DE 1997

Segundo as Sagradas Escrituras, quando os homens tentaram erigir uma torre para alcançar o céu, objetivando mostrar a força e superioridade da raça humana, o Senhor promoveu o aparecimento de línguas diferentes, o que dificultou e, posteriormente, impediu o prosseguimento da empreitada, porque ninguém entendia ou sabia o que fazer ou para onde ir. Nos dias atuais, se têm a impressão de que o fazendeiro está entrando novamente na torre de Babel, tal a diversidade de propostas e os conselhos contraditórios quando ele busca meios de melhorar o que faz em sua fazenda.

Não se deseja com esse comentário propor que seja acatada uma só proposta de produção, porque diferentes sistemas podem ser estabelecidos com sucesso, e é fato reconhecido que uma ideia única é prejudicial e leva, indiscutivelmente, à estagnação com falta de desenvolvimento. O que está impressionando no momento é a quantidade de palpites sem fundamento científico nem embasamento técnico que são lançados, difundidos e apresentados como soluções para todos os males das fazendas leiteiras. Conceitos antigos, exaustivamente discutidos em reuniões técnicas, sem reconhecimento pela comunidade científica internacional, voltaram a ser apresentados e acatados no país.

Quando, nos idos de 1973, os técnicos paulistas se reuniram para o início dos Simpósios sobre Manejo de Pastagem, o objetivo foi discutir um sistema de uso do pasto, que visava à intensificação com aplicação de fertilizantes, usando a rotação como fundamento e o esterco de grandes concentrações de gado para promover a melhoria do solo, tudo levando a resultados espetaculares. Os projetos implantados desapareceram do Estado de São Paulo, porque não tinham fundamento, mas hoje, 24 anos após, o assunto volta a ser questionado por ocasião da décima quarta versão da reunião científica, recentemente realizada. As dúvidas surgiram com a mesma linguagem e a mesma proposta milagrosa capaz de estimular a imaginação dos produtores de leite.

Alguns técnicos e a mídia oferecem, nos dias atuais, produtos para a elaboração de beberagens para solucionar problemas de manejo. Os nutricionistas lançam mão de cálculos de rações complexas, com terminologia incompreensível e resultados nem sempre favoráveis, e os comerciantes mostram equipamentos cada vez mais sofisticados, mas incapazes de resolver os problemas. A linguagem técnica da produção de leite não exige sofisticação, mas sim objetividade no uso de conceitos básicos de nutrição adequada, conforto absoluto e saúde, que contrastam com o linguajar sofisticado e complexo, muitas vezes usado no presente.

Com tudo isso, passa a ser divulgado que tecnificar ou intensificar a produção leva, invariavelmente, a custos elevados, incompatíveis com os preços praticados pelo mercado. O mito da rusticidade do mestiço está voltando com força, e como aconteceu no final do século XIX nos países desenvolvidos, procura-se adaptar o animal ao meio inadequado, em vez de se trabalhar no princípio básico da produção tecnificada. Quando se considera rusticidade em vez de persistência de produção como atributo mais importante, procura-se um animal capaz de sofrer subnutrição, doenças e longas caminhadas em pastagens de baixa qualidade. As tentativas de se obter a vaca rústica por cruzamentos com o Zebu, levadas a efeito no passado do mundo desenvolvido, mostraram ser mais fácil melhorar o meio do que o animal, através de nutrição, controle ou erradicação de doenças e manejo para evitar o aparecimento de estresse.

As linguagens diferentes e sofisticadas, a volta de conceitos ultrapassados e propostas milagrosas estão aí para perturbar o fazendeiro, que acaba ficando confuso, sem saber para onde ir e o que fazer num período difícil para o setor, que está procurando se ajustar à nova realidade do mercado. A linguagem técnica para a produção econômica de leite, que é entendida em todo o mundo onde não existe uma verdadeira torre de Babel, possibilita um setor produtivo bem estruturado e rentável. Eliminam-se, assim, as grandes dúvidas que ainda prevalecem em algumas fazendas leiteiras.

AINDA FALTA PESQUISA CIENTÍFICA

REVISTA BALDE BRANCO - Nº 409 - NOVEMBRO DE 1998

O conhecimento existente é muito grande e oferece oportunidade para que sistemas de produção de leite sejam estruturados em bases técnicas, com resultados bons e previsíveis. Entretanto, esses benefícios não são facilmente detectáveis nos países emergentes, por dificuldades na transmissão de conhecimentos e pelos problemas estruturais dos setores produtivos, que ainda adotam métodos de agricultura medieval, sem nenhum fundamento técnico. Além disso, o pequeno volume e a natureza dos trabalhos de investigação científica criam uma dificuldade adicional, porque a tecnologia precisa ser adaptada às características físicas e culturais de cada região, para que se obtenha uma contribuição definitiva. Por esses motivos é que se encontram, no final do século XX de expressiva evolução, características de subdesenvolvimento nas atividades agropecuárias de um grande número de países que não conseguem utilizar corretamente a tecnologia.

Um exemplo típico de falta de evolução pode ser caracterizado no manejo das pastagens, que se constituem na base dos sistemas de produção adotados no país. Ainda prevalece no meio rural o conceito de pastejo contínuo, extrativo, levando à baixa utilização de um recurso produtivo de grande significado e importância.

No início da década de 1970, propostas mirabolantes sobre o uso do pastejo rotacionado Voisin apareceram, prometendo provocar uma verdadeira revolução nas fazendas através da simples subdivisão dos pastos e da tomada de medidas inócuas para o manejo. Como o conceito era totalmente destituído de fundamentação científica, os resultados foram desastrosos e provocaram, na realidade, certa resistência à tecnificação, já que nos projetos elaborados o sistema era denominado racional.

A esperança de se encontrar uma planta forrageira perene, pouco exigente em solo e manejo, resistente a pragas, doenças e alterações climáticas, que seja também produtiva e de bom valor nutritivo, é outro bom exemplo da expectativa que permanece sedimentada num setor que não evoluiu com o tempo. Com a esperança de resultados mais favoráveis, glebas estabelecidas são revolvidas para a implantação da nova espécie, apesar de respostas significativas e duradouras raramente aparecerem. Constantemente novas promessas são pesquisadas, difundidas e aceitas, até o aparecimento de outra. Especialistas em pastagens argumentam que não existe sentido na substituição, mesmo considerando plantas melhoradas, porque o manejo exerce uma influência muito maior na produção e na qualidade do pasto que a espécie. Com a grande evolução no conceito técnico, o impacto do manejo sobre a produtividade apareceu nos países desenvolvidos, onde os fazendeiros trabalham com poucas espécies e raramente promovem a substituição, porque os pastos são perenes quando bem manejados.

Como acontece na maioria dos países em desenvolvimento, a concentração de esforços em pesquisas de simples avaliação de espécies forrageiras, através de experimentos de corte, competição, adubação e composição bromatológica, contribui muito pouco para o estabelecimento de manejos racionais, porque o animal não faz parte dos estudos. Por outro lado, trabalhos que utilizam lotações fixas também contribuem pouco para o entendimento do ecossistema das pastagens.

Considerando todos esses fatos, detectou-se durante o Simpósio sobre Manejo da Pastagem, recentemente realizado (setembro de 1998) na Escola Superior de Agricultura "Luiz de Queiroz" (USP), uma deficiência muito grande de informações básicas para o manejo das espécies do gênero *Cynodon*, bastante utilizadas no país. Algumas como as tiftons, introduzidas com conotações típicas de plantas milagrosas, revelaram nas discussões como sendo exigentes e difíceis de serem manejadas, com características típicas de plantas tropicais. Ficou também caracterizado que existe necessidade de um esforço muito grande para implementar pesquisas científicas para a geração de dados mais específicos para o manejo dos pastos.

Se para algumas espécies existem mais informações que para outras, é inquestionável que para todas ainda faltam dados detalhados sobre as características que devem ser consideradas no uso racional dos pastos. Uma cruzada nacional deveria ser realizada no sentido da ampliação das pesquisas básicas sobre o uso das pastagens, porque, somente assim, seria realmente possível melhorar o uso de um recurso produtivo importante para a redução de custos e, ao mesmo tempo, obter informações seguras para a elevação da produtividade nos sistemas de exploração de bovinos para a produção de leite ou de carne.

ORIENTAÇÃO TÉCNICA, SEM SOFISTICAÇÃO

REVISTA BALDE BRANCO - Nº 418 - AGOSTO DE 1999

Quem viveu as últimas quatro décadas tentando contribuir para a tecnificação da atividade leiteira, sabe como é difícil fazer propostas que sejam aceitas e aplicadas pelos produtores. As palestras proferidas em linguagem simples, para despertar o interesse e motivar mudanças de atitude, não conseguem sensibilizar mais que uma parcela muito pequena da audiência. Um dia de campo, cuidadosamente planejado para demonstrar na prática a importância do uso correto de tecnologia, nem sempre tem o sucesso que se esperaria, porque poucos se interessam pelos detalhes do que foi feito e dos resultados obtidos.

As reuniões organizadas para discutir economia de produção são indiscutivelmente as mais interessantes, quando a reação de muitos participantes é de revolta e descrédito, porque se procura demonstrar que os custos de produção podem ser reduzidos pela intensificação da produção, através do uso de tecnologia. Não é raro ouvir, nesses encontros, que as informações apresentadas são falsas, que as empresas compradoras de leite financiaram a reunião com objetivo de manter baixo o preço pago ao produtor, e que a vivência no campo mostra outra realidade. Entrevistas, análises e artigos técnicos publicados pelas revistas raramente são lidos, a não ser que apresentem propostas mirabolantes de resultados bons, sem gastos.

Tudo o que foi comentado, não se constituiu, ao longo dos anos, em motivo de desânimo, sendo na realidade um estímulo para continuar a pregação. Deve-se reconhecer que muitas mudanças aconteceram nos últimos tempos como resultado dos esforços de pessoas envolvidas em atividades de extensão. Alguns exemplos podem ser citados, como a difusão do uso da cana-de-açúcar corrigida para suplementação alimentar, a eliminação do conceito de milho e sorgo forrageiros, a consciência da importância da reprodução na economia do processo produtivo e a aceitação de que a qualidade da vaca só pode ser caracterizada através da persistência de produção.

A adubação de pastagens, que no passado era considerada loucura, passou a ser aceita como técnica viável, quando associada a um manejo racional. Praticamente desapareceu a ideia de que era necessário criar, através de cruzamentos, uma raça adaptada aos trópicos para se ter sucesso na atividade leiteira, por não existir uma racionalidade técnica que justificasse as tentativas feitas no país na década de 1960. Acima de tudo, é gratificante verificar que vários produtores passaram a considerar o leite como uma atividade viável, obtendo resultados mensuráveis sob o ponto de vista econômico.

Não se deve esquecer que muito ainda precisa ser feito, porque a produção de leite continua atrasada, sob o ponto de vista tecnológico. A continuidade dos trabalhos de orientação técnica é, a partir de agora, fundamental, considerando que o setor leiteiro está se preparando para mudanças e porque numa economia de mercado, racionalidade, eficiência, produto de boa qualidade e economia de produção são fatores decisivos para o sucesso ou o fracasso. Os esforços deverão ser recompensados, porque existe um clima mais favorável para a aceitação de conceitos técnicos e, sobretudo, porque o nível dos profissionais que atuam na área é, indiscutivelmente, melhor que no passado, como consequência da evolução tecnológica e treinamento mais específico.

Entretanto, causa preocupação a tendência atual de apresentação de propostas difíceis de serem entendidas pela maior parte dos produtores, mas capazes de sensibilizar poucos fazendeiros que adotam sistemas de confinamento total, visitam o exterior e tem acesso a publicações estrangeiras. Por outro lado, a maioria pode se sentir confusa com a terminologia e as sugestões apresentadas, que nem sempre se adaptam bem à realidade. Nos países de pecuária desenvolvida, a evolução tecnológica foi lenta, gradual e deu tempo para que a adaptação a novos conceitos ocorresse em mais de uma geração. Hoje, é preciso queimar etapas, mas a pressa pode esbarrar em barreiras culturais, e, por isso, ênfase precisa ser dada aos princípios básicos, através de propostas bem fundamentadas, que se adaptem aos sistemas de produção predominantes, que podem trazer bons resultados.

Simplificar não significa baixar o nível, mas, sim, tornar uma proposta aparentemente complexa em outra fácil de ser entendida e executada. Estudantes que tiveram a oportunidade de estagiar em fazendas no exterior, vivendo o dia-a-dia, evidenciaram que o conhecimento técnico de quem operacionalizava a atividade era pequeno, mas havia a aceitação, sem contestação, dos princípios técnicos, e tudo parecia muito simples, funcional, e adequado para a obtenção de resultados significativos.

A PESQUISA, O SOCIAL E O DESENVOLVIMENTO

REVISTA BALDE BRANCO - Nº 432 - OUTUBRO DE 2000

O que aconteceu na Estação Experimental de Zootecnia da Secretaria da Agricultura e Abastecimento do Estado de São Paulo, em Sertãozinho, demonstra que a pesquisa não é levada a sério no Brasil. Ao descaso da sociedade (governo, justiça, mídia e agropecuaristas), frente à destruição lenta de um trabalho sério, iniciado há 30 anos e de reconhecimento internacional por obter resultados significativos no melhoramento genético das raças zebuínas e do Caracu, some-se a manifestação dos invasores de que não faz sentido o Estado manter terras para pesquisa, desde que o objetivo agora deve ser o social, distribuindo glebas para a instalação de núcleos de agricultura familiar.

Se os invasores da Fazenda Experimental fossem realmente agricultores, talvez tivessem a sensibilidade de reconhecer o importante papel da tecnologia para a solução de um problema crônico nos países em desenvolvimento que é a falta de alimento e o preço elevado para as populações carentes. Bastaria mencionar que o preço do trigo, um alimento básico para uma grande parcela da humanidade sofreu redução de aproximadamente 60% nos últimos 40 anos, como consequência de variedades mais produtivas, mais resistentes e de aplicação de conceitos modernos de produção.

Recentemente trabalhos de pesquisa no México resultaram no desenvolvimento de um milho de alta produtividade, rústico, com o dobro do teor de proteína, o que irá contribuir para a solução do grave problema de subnutrição nas comunidades que usam esse cereal como base da dieta. A carne de frango, que num passado não muito distante era comida de domingo, dia de festa e de doente, passou a ser uma fonte barata e acessível de proteína de alto valor biológico para as populações carentes. Outras contribuições relevantes poderiam ser citadas para mostrar a importância social da pesquisa para as pessoas que vivem nas cidades e não conhecem as dificuldades e a importância da produção de alimentos para uma população de baixo poder aquisitivo e em crescimento constante.

Como na maioria das nações em desenvolvimento, além de não haver reconhecimento do valor social da pesquisa agropecuária, existe também dificuldades para a obtenção de recursos financeiros e pagamento justo pelo trabalho dos cientistas, que acabam sendo incorporados a firmas particulares que atuam no campo agrícola. Apagar da memória a importância do Instituto Agronômico de Campinas, do Instituto Biológico, do Butantã e de outras instituições para o desenvolvimento econômico do país no início do século XX é incompreensível e justifica todas as dificuldades por que passam essas instituições reconhecidas internacionalmente.

Outro problema detectado no campo da zootecnia, é que os parcos recursos nem sempre são aplicadosde maneira racional, dificultando assim o reconhecimento do significado real da investigação científica. Por exemplo, um volume considerável de dinheiro já foi investido em pesquisas com gado mestiço, sem nenhum resultado palpável e de larga aplicação. Recentemente, a mídia tem dado grande destaque a uma pesquisa feita para reduzir o teor de gordura do leite, o que parece um contra senso, em um país que na década de 1990 importou cerca de 40 mil toneladas de manteiga por ser incapaz de produzi-la.

Trata-se de uma tecnologia que será muito pouco utilizada nos sistemas de produção predominantes e a gordura do leite continua, apesar de toda a propaganda contrária, a ser largamente utilizada como creme de leite (venda de 60 mil toneladas em 1999), em sorvetes, doces e na culinária. Leite com baixo teor de gordura pode ser obtido por desnatamento, como ocorre nos países em desenvolvimento onde a população procura não consumir leite integral. Por tudo isso, os problemas reais que afetam a pecuária de leite podem ser deixados de lado e permanecem as dificuldades de produzir.

Como consequência dos problemas mencionados, o Brasil se vê hoje na dependência de importar tecnologia para o estabelecimento de sistemas de produção chamados tecnificados. Instalações, máquinas, normas de alimentação para cálculo de dietas, uso de sêmen de touros provados, normas de manejo, dentre outras, passam a ser fundamentos de sistemas de produção nem sempre adaptados às condições socioeconômicas e culturais do país. Com isso, ficam de certa maneira limitados outros sistemas, também tecnificados, por falta de algumas informações básicas que ainda não foram elucidadas. Seria, então, necessário que ocorram algumas mudanças nos conceitos de pesquisa e na postura da sociedade com relação ao reconhecimento da importância da investigação científica para o desenvolvimento social e econômico do país.

APRENDENDO COM O MUNDO

REVISTA BALDE BRANCO - Nº 439 - MAIO DE 2001

As distâncias entre os povos, culturas e pessoas foi consideravelmente encurtada, pois a internet possibilita o conhecimento instantâneo do que está ocorrendo no mundo. As descobertas científicas são rapidamente disseminadas, deixaram de ter pátria, as informações são obtidas com custos baixos, e qualquer local se torna acessível. Apesar dessa verdade inquestionável, o contato humano continua sendo considerado insubstituível, pois os congressos internacionais permanecem ativos e concorridos e são rotulados como imprescindíveis para o desenvolvimento científico e tecnológico das atividades agrícolas de todos os países.

Por esse motivo, o esforço para a realização no Brasil do primeiro Congresso Internacional de Pastagens do século XXI deve ser reconhecido e aplaudido. Na cidade de São Pedro (SP), o Departamento de Produção Animal da Escola Superior de Agricultura "Luiz de Queiroz" recebeu no mês de fevereiro de 2001, cerca de 750 técnicos de 45 países para discutir o estado atual de desenvolvimento, os problemas, as soluções e os aspectos econômicos e sociais da exploração de pastagens. O sucesso do evento não deve ser medido somente pelo nível dos trabalhos, visto que as maiores autoridades do mundo estiveram presentes, mas também pela organização, que levou um grande número de participantes a considerar como um dos melhores congressos já realizados, mesmo comparando-o com os antecedentes sediados pelo Canadá, Nova Zelândia, Austrália e França.

Os brasileiros que participaram do evento guardaram a certeza de que os visitantes não esperavam encontrar o que viram e viveram. Ficaram muito impressionados com a hospitalidade, o clima, a comida, a música e a organização. Mas o potencial agrícola e o estádio atual de conhecimento foram os fatos que mais chamaram a atenção. O país foi revelado por visitas técnicas no Estado de São Paulo, nos cerrados do Estado do Mato Grosso do Sul e nas regiões do Pantanal, da Amazônia e do Sul do Brasil. O número de técnicos e estudantes de pós-graduação brasileiros participantes levou à conclusão de que o Brasil tem todas as condições de se tornar uma potência na produção de ruminantes em sistemas baseados no uso de alimentos volumosos. Tudo isso será muito importante nas próximas décadas, já que a visão da agricultura rotulada como ecológica deve prevalecer no futuro e será de grande importância para o comércio internacional.

Os brasileiros tiveram rara oportunidade de conhecer problemas que afetam regiões pobres ou desenvolvidas e que ainda não nos preocupam. Por exemplo, aspectos relacionados com o uso de áreas de pastagens para fins sociais, o que é uma realidade na Europa, revelando certa incoerência com a necessidade de desenvolvimento econômico e produção de alimentos nos países pobres. Entretanto, diminuir a intensificação dos sistemas de produção vem se tornando cada vez mais importante para evitar poluição, manter a biodiversidade, evitar degradação do solo, reduzir o efeito estufa e preservar a qualidade da água. Foi enfatizado ainda, que o uso racional das pastagens não provoca efeitos desfavoráveis, sendo na realidade, um recurso conservacionista.

A degradação de áreas exploradas com pastagens e a desertificação de vastas regiões na China foram reveladas por técnicos daquele país, que mostraram aspectos importantes para uma reflexão sobre a exploração de áreas com sistemas extrativistas. A distribuição de terras para camponeses, após a revolução e a migração de contingentes populacionais urbanos para o campo, como solução para o desemprego e falta de oportunidades, levou a uma degradação rápida de grandes áreas, o que forçou o governo a promover profundas modificações nos conceitos de distribuição e uso da terra. As glebas continuam propriedade do governo, mas os agricultores atualmente pagam arrendamento, fato que estimulou a produção, a adequação do uso dos recursos produtivos e promoveu reversão no processo de desertificação. De acordo com analistas internacionais, o uso inadequado do solo é consequência da falta de conhecimento, de interesse e de qualificação do agricultor que conduz sistemas extrativistas e ineficientes, promovendo a degradação dos recursos naturais.

O congresso tinha o objetivo de discutir o papel das pastagens, enfocando temas técnicos, educacionais, extensionistas, econômicos e sociais. Certamente atingiu seus objetivos e deixou ao país uma quantidade imensa de informações que poderão auxiliar nas tomadas de decisão, nos planejamentos técnicos e nos projetos sociais em andamento. Resta saber se as ideias, os ensinamentos e as conclusões serão analisados, compreendidos, adaptados e utilizados, para auxiliar na solução das políticas de desenvolvimento e nos problemas enfrentados por pessoas que sempre trabalharam ou estão recebendo terras no Brasil.

RECONHECIMENTO DE UMA REALIDADE

REVISTA BALDE BRANCO - Nº 442 - AGOSTO DE 2001

Durante as comemorações dos cem anos da Escola Superior de Agricultura "Luiz de Queiroz" deve-se fazer, juntamente com as justificadas cerimônias, também uma reflexão do significado do ensino, da pesquisa e da formação de técnicos para o desenvolvimento da agropecuária, pois a centenária instituição foi durante muito tempo, o único centro de formação de técnicos para os institutos de pesquisa e outras universidades.

Teve papel fundamental no desenvolvimento da cafeicultura, da cotonicultura, da cultura canavieira, na do milho e de outras culturas importantes para a economia do país. No campo da produção animal foi pioneira e exerceu, sem dúvida, influência marcante na formação de pessoal especializado, com o estabelecimento do primeiro curso de pós-graduação no Estado de São Paulo, e sobre os rumos da pesquisa zootécnica e adoção de conceitos científicos nas fazendas produtoras de leite.

Teve também papel de destaque não só na geração de tecnologia para o setor, mas também na difusão de conceitos fundamentais para a profissionalização da atividade. Apesar desta realidade, durante os festejos, não se deu ênfase ao antigo Departamento de Zootecnia e aos professores que criaram, no passado, um padrão de trabalho sério e objetivo, que permanece até hoje na tradicional, importante e secular instituição fundadora da Universidade de São Paulo.

No início do século XX, o setor leiteiro era incipiente e não havia fonte de conhecimento para a tecnificação que não passasse obrigatoriamente pelos ensinamentos do professor Nicolau Athanassof, um búlgaro que se tornou brasileiro e dedicou toda sua vida ao ensino e introduziu no Brasil os conceitos básicos da pesquisa científica na área da Zootecnia. Seus artigos de divulgação escritos e publicados a partir de 1910 são impressionantes pela lucidez, e muitos dos ensinamentos transmitidos são atuais.

Num minucioso trabalho de pesquisa publicado em 1917 forneceu os mesmos conceitos que, atualmente, se aplicam ao uso da cana-de-açúcar. Relatava aos fazendeiros que as vacas consumiam até 33 kg de cana-de-açúcar corrigida por dia, produzindo 13,7 kg de leite na seca, uma quantidade significativa para a época. Seu livro, *Manual de Criação de Bovinos*, publicado pela primeira vez em 1922, deveria ser, até hoje, consultado por quem necessita de conhecimentos práticos e de conceitos corretos sobre manejo de rebanhos para a produção de leite. Sua vocação de extensionista era reconhecida em todo país, e até no exterior, pois mantinha correspondência frequente com fazendeiros da África portuguesa.

Por tudo o que fez é considerado 'pai da zootecnia brasileira', contribuindo para a formação dos professores que o sucederam e foram também esquecidos nas comemorações, apesar de trabalharem para fornecer conhecimentos e base científica para o desenvolvimento não só do setor leiteiro, mas também de outras áreas da exploração econômica dos animais domésticos.

O trabalho do passado foi atualizado, sedimentado e implementado a partir dos anos de 1960, pelo professor Aristeu Mendes Peixoto, que merecia um reconhecimento todo especial. O Departamento de Zootecnia dos últimos 40 anos cresceu e foi homenageado no Brasil e no exterior pelo conjunto de ações que sempre nortearam seu rumo. A formação de técnicos especializados, através de um programa de estágios que funciona há 24 anos, e de um currículo orientado para o setor leiteiro, tem tido papel importante para disponibilizar assessores capacitados a orientar a racionalização da pecuária leiteira.

Pesquisas criaram os fundamentos para o manejo intensivo de pastos adubados, produção racional de silagem e feno, melhoramento genético, alimentação e manejo de vacas em pastagens e confinamento, e criação de bezerras e novilhas. Os conceitos de estrutura de rebanho e de eficiência, do significado da reprodução e da persistência de produção sobre a capacidade produtiva dos rebanhos, foram algumas das contribuições para a intensificação e profissionalização do setor.

Não há dúvida de que o Departamento, hoje denominado, Produção Animal, continua cumprindo seus objetivos de bem servir ao ensino, pesquisa e difusão de tecnologia. Seu Centro de Treinamento, financiado por empresas do setor leiteiro é ponto de referência para reciclar e formar técnicos, fazendeiros e trabalhadores rurais. A vocação extensionista coloca-o, desde o início do século XX, numa posição de destaque por méritos que, a bem da verdade, dispensam o reconhecimento em solenidades, pois, se trata de uma realidade incontestável dentro da pecuária leiteira do país.

A BOLA DA VEZ

REVISTA BALDE BRANCO - Nº 445 - NOVEMBRO DE 2001

Faz parte da natureza humana procurar o novo, principalmente quando o que está sendo proposto traz consigo a esperança de resolver velhos problemas ou dificuldades que estão se arrastando através dos tempos, sem solução. A opinião dos amigos, a mídia, as ideias repentinamente surgidas depois de muita reflexão e a visualização de algo interessante contribuem para reacender a certeza de que uma nova medida poderá alterar completamente uma atividade que não está de acordo com os planos estabelecidos.

O interessante é que nem sempre a proposta é nova ou original, mas pode voltar e chamar a atenção de quem procura novos caminhos e novas soluções. Assim, é comum encontrar de tempos em tempos, propostas que estão na moda, são procuradas insistentemente por um grande número de produtores, que não se cansam de experimentar o que parece novo e interessante, visando reduzir custos, incrementar a produção e mudar uma atividade que precisa ser revitalizada.

O exemplo mais característico dessa atitude é a procura incessante do capim milagroso. E quantos já ocuparam o centro da mesa como a bola da vez. No início do século XX, o capim-gordura foi considerado uma maravilha; nos anos de 1970, as braquiárias criaram expectativas fantásticas e, no final do século XX, os tiftons foram descritos como verdadeiros concentrados pela suposta riqueza em princípios nutritivos, resistência ao frio, adaptabilidade, etc. Agora, novos estão surgindo. Quantos pastos foram reformados para receber novidades que não mereciam ser experimentadas?

Absurdos como produções de forragem por hidroponia criaram impacto no passado, grandes expectativas e propunham soluções fantásticas que agora voltam com a mesma intensidade, mas sem fundamento, pois a produção de matéria seca por área é muito reduzida, o que não se enquadra no conceito de volumoso.

O girassol que foi uma grande expectativa, também nos anos de 1970, voltou a ocupar a esperança de contribuir para a solução de uma suplementação barata, nutritiva e vantajosa, e a área de plantio tem sido expandida.

Aditivos para ensilagem já tiveram sua vez, ensilagem de cana-de-açúcar foi utilizada no passado, silagem pré-secada teve grande projeção e outras práticas poderiam ser citadas para preencher uma longa lista de tentativas que vão e voltam criando sempre expectativas e entusiasmo.

Também na área científica aparecem, de tempos em tempos, temas que passam a monopolizar a atenção dos pesquisadores e, pela divulgação da mídia, o fato assume uma importância que não merecia. A teoria da proteína 'by pass' foi revista, o uso de 'drenches' perdeu sua conotação mágica, o aproveitamento de ureia para vacas de alta produção mostrou-se viável, a consorciação de soja com milho para ensilagem deixou de ser recomendada, o feno produzido com a cultura de soja madura deixou de ser uma solução interessante, não se fala mais em cana-de-açúcar ou milho forrageiro, a produção de leite 'light' por manipulação da dieta perdeu projeção e o uso de misturas minerais diferenciadas não encontra justificativas científicas.

A seleção de novas raças leiteiras ou os cruzamentos exigem esforços, tempo e dinheiro, procurando solucionar as dificuldades encontradas nos trópicos para a produção de leite e voltam, de tempos em tempos, a ter destaque.

A relação poderia ser ampliada e, dificilmente, seriam encontradas respostas significativas a muitas propostas, que à primeira vista, parecem oferecer alternativas interessantes para o setor leiteiro. Na realidade, a divulgação de resultado de pesquisa com conotação de solução milagrosa deturpa a concepção de que a liberdade de utilizar o método científico para entender o desconhecido é que leva ao progresso e às soluções consistentes e realistas.

Os fatos relatados acontecem porque existe um apelo muito grande para testar, experimentar ou usar o desconhecido que parece ser a solução. Tudo isso faz parte de uma concepção prevalecente em regiões onde a tecnologia não ocupa papel de destaque, sendo então procurado o aproveitamento de experiências relatadas, mesmo que sejam recentes e não tenham respostas consistentes ou mesmo comprovadas.

Nessas condições, os problemas reais não são caracterizados, as soluções simples e realistas são desprezadas e o progresso esperado e desejado deixa de acontecer. Não se analisam nas fazendas os pontos de estrangulamento, não se considera a análise da eficiência do uso dos recursos produtivos, não são caracterizados índices capazes de revelar erros de condução de uma atividade complexa e difícil. A aplicação de conceitos simples, mas realistas, tem mostrado que o conjunto do jogo, e não a bola da vez, pode solucionar grande parte das dificuldades encontradas para produzir leite no Brasil.

O QUE DIZER?

REVISTA BALDE BRANCO - Nº 446 - DEZEMBRO DE 2001

Existe, em outros países, uma curiosidade muito grande sobre o Brasil, como a relacionada à grande população, ao tamanho, ao potencial para atividades agrícolas, aos recursos hídricos de vulto, aos climas variáveis, à população multirracial, à posição que ocupa na economia da América do Sul e a muitas outras características favoráveis. Além de tudo, os analistas internacionais admitem que se o país estabilizar a economia, conseguir crescer, investir em educação, aplicar tecnologia e solucionar o problema com os políticos, certamente será candidato a se transformar em potência.

No que diz respeito ao setor leiteiro, o interesse também é grande, pois apresenta um mercado consumidor potencial significativo, um rebanho imenso de vacas leiteiras nas estatísticas oficiais, perspectivas de crescimento, áreas planas com vocação agrícola e clima favorável nas regiões do cerrado e em outras ainda não exploradas devidamente. Com tudo isso, não é de se surpreender que, frequentemente, consultas sejam feitas por empresas e pessoas físicas de outros países sobre as possibilidades, o mercado e as perspectivas do setor. O interesse em vender produtos, estabelecer empreendimentos, comprar terras para iniciar uma fazenda e introduzir produtos que não se encontram no mercado é constante. Os estrangeiros querem informações que possam viabilizar projetos em algum segmento da cadeia produtiva.

Um empresário americano solicitou, certa vez, dados sobre o número de vacas leiteiras que poderiam ser classificadas como especializadas para a produção de leite, pois pretendia estudar a possibilidade de lançar no país alguns produtos e serviços, admitindo um mercado potencial de grande perspectiva, pois as estatísticas indicavam um rebanho superior a 20 milhões de cabeças. Em sua premissa, ele já sabia que a produtividade do rebanho era baixa, mas se 30 a 40% fossem de gado especializado, haveria possibilidade de exploração de potencial ainda não trabalhado.

Quando recebeu a resposta de que a informação não era disponível e que, com toda certeza, seria difícil um prognóstico, já que qualquer bovino que contribua com leite, é classificado nas estatísticas oficiais como vaca leiteira, ele se mostrou surpreso e perguntou como seria possível estabelecer qualquer planejamento numa situação como a revelada.

Recentemente, outra consulta veio da Europa sobre a quantidade de silagem produzida por ano, pois análises sobre o clima nas principais regiões produtoras do país indicavam a necessidade de suplementação com volumosos por um período longo de tempo e, novamente, o número de produtores nas estatísticas oficiais sinalizava um mercado significativo, mesmo admitindo índices pouco favoráveis. Outra vez, surgiu a dificuldade de apresentar qualquer número, mesmo uma estimativa grosseira e a dúvida sobre o que dizer.

Esses fatos, que surpreendem os estrangeiros, revelam uma situação complexa para qualquer tentativa de se estabelecer políticas, programas, estratégias de ação ou mesmo projeções para o futuro. Para complicar ainda mais a situação, alguns estudos regionais disponibilizam índices e informações distorcidas por análise equivocada dos dados coletados, revelando, muitas vezes, aumento de produtividade, quando na realidade estava ocorrendo estagnação. Aparecem, com frequência, discrepâncias de informações sobre o que está acontecendo no país, pois as opiniões são baseadas em suposições que são divulgadas e passam por verdades.

Por exemplo, fala-se que houve redução de 400 mil produtores de leite, quando não existem dados que comprovem. Sabe-se que está havendo crescimento acelerado no Rio Grande do Norte, Mato Grosso do Sul, Pará e em outras regiões sem tradição. Também nos assentamentos de reforma agrária, a atividade leiteira floresce com as mesmas características das regiões tradicionais de minifúndios, ou seja, para complementar a renda de quem sobrevive à margem da pobreza. Para completar o problema, ninguém sabe ao certo o que é, como se caracteriza, o tamanho real, a razão da existência e do crescimento acelerado do leite informal. Quase tudo o que se fala é mera especulação.

Na realidade, o setor leiteiro é caracterizado por chavões que se repetem no tempo e permanecem como verdade, trazendo como consequência a permanência de prognósticos que não se realizam, como o desaparecimento da atividade leiteira se as condições de mercado permanecerem imutáveis. Investir, o que fazer, como diagnosticar, como propor soluções que dependem do conhecimento real do setor produtivo e, por isso, permanece a dúvida: o que dizer, quando interrogado?

INFÂNCIA NA FAZENDA

REVISTA BALDE BRANCO - Nº 459 - JANEIRO DE 2003

Existe hoje, com toda razão, uma grande preocupação relacionada com o trabalho de crianças, inclusive no meio rural, havendo leis e propostas de organizações internacionais alertando sobre os possíveis malefícios advindos da impossibilidade de associar uma responsabilidade funcional com atividades escolares e lazer.

A proposta é justa, não é questionada, deve ser implementada, mas quando se lê a biografia de americanos que viveram a infância no meio rural, no início do século XX, passa-se a entender que o trabalho em si não é o problema, mas, sim, o objetivo de utilizar a mão de obra infantil por ser barata, aproveitar uma possibilidade de não contribuir para a previdência, tirando proveito com objetivos puramente econômicos, sem um propósito que justifique a exploração.

Nos países considerados evoluídos, o trabalho, a responsabilidade e o engajamento de crianças em atividades do meio rural, com propósitos educacionais, formação de caráter e preparo para a vida futura, possibilitaram a estruturação de um setor agrícola de grande eficiência e destaque no cenário internacional.

Descrevendo a infância na região rural dos Estados Unidos nas primeiras décadas do século XX, vários autores relataram que, com idade de cinco a seis anos, iniciavam o aprendizado e a ajuda efetiva nos trabalhos da fazenda, assumindo responsabilidades de adultos. Os relatos de experiências com vacas e touros trouxeram lembranças de acidentes jocosos ou graves, e as dificuldades de conduzir os cavalos para gradear ou sulcar os campos, quando as forças não eram suficientes para controlar efetivamente os animais nem sustentar o rabicho dos implementos, foram descritas com saudosismo, mencionando as grandes distâncias caminhadas por dia e o cansaço para a execução das atividades.

Os relatos revelam grande satisfação, não existem palavras de revolta, mas, sim, certo orgulho de efetivamente trabalharem com os pais para o sustento e a sobrevivência da família. Um dos textos relata o estado de espírito de alguém que, chegando ao final da vida, relembrou o significado do trabalho realizado na infância: *"Eu sempre me lembro do trabalho executado com os meus pais. A solicitação de ajuda surgiu quando tinha cinco, seis anos e não me lembro de ter sido forçado a assumir a responsabilidade. O pedido foi feito de tal maneira que considerei como minha a responsabilidade de ajudar no trabalho.*

Ordenhar manualmente, de manhã e à tarde, foi o primeiro trabalho que me lembro ter executado de maneira regular".

Trabalhando muito cedo, as crianças aprendiam também disciplina e eram educadas para usar e cuidar dos implementos, para tratar as vacas leiteiras e os cavalos de maneira apropriada e, também, o significado da importância de atividades que exigiam concentração de trabalho em um curto espaço de tempo, como conservação de forragem para o inverno. Além disso, se familiarizavam com trabalho rural e técnica agrícola e passavam a entender o significado da cooperação com os vizinhos.

Assumiam ainda responsabilidades, executavam também trabalhos familiares como cuidar dos irmãos pequenos, fazer compras, preparar lenha, transportar carvão, etc. A considerada vida dura nas fazendas leiteiras era sempre lembrada com satisfação e orgulho, pois tinham certeza de que estavam, naquele momento, moldando o futuro. Os relatos dos trabalhos eram sempre complementados com a participação efetiva nas escolas rurais, de uma só sala, onde eram convocados a colaborar na limpeza e transporte de carvão para aquecimento. Terminado o trabalho, caminhavam ou iam a cavalo para a escola, percorriam grandes distâncias e as lembranças mais fortes eram das tempestades de neve e das longas jornadas com frio intenso. Apesar disso, alguns relataram que a memória permitia recordar que praticamente não perdiam aulas por causa dos problemas meteorológicos.

Um relato interessante, de um velho fazendeiro de 86 anos, diz respeito ao significado do aprendizado para os meninos que trabalhavam como homens: *"Apreciava tanto a escola, que gostaria de frequentá-la sete dias por semana e doze meses por ano"*. A descrição do treinamento que recebiam dos serviços de extensão rural e o significado desse fato para o futuro revelam a importância de preparar o jovem agricultor para aceitação e aplicação de tecnologia. A atividade era conduzida como numa escola e a participação igualmente entusiasmada e vibrante.

Na realidade, o papel da educação, no sentido amplo, talvez não tivesse o significado que teve, se a criança não tivesse condições de viver e entender o que e para que trabalhava nas fazendas familiares. Os autores das biografias cursaram universidades, ampliaram consideravelmente as fazendas dos avós e pais e muitos se transformaram em líderes proeminentes do setor leiteiro, pesquisadores ou professores universitários de projeção internacional.

COMO, MAS SABENDO POR QUE

REVISTA BALDE BRANCO - Nº 461 - MARÇO DE 2003

A mídia tem dado ênfase ao fato de que, a partir de agora, esforços vão ser dirigidos no sentido de fortalecer a agricultura familiar e que, dentro do contexto, a difusão de tecnologia é um dos aspectos fundamentais para melhorar a vida de pequenos agricultores, assentados ou não pelo programa de reforma agrária. Tem-se a impressão de que, para tanto, basta ensinar como fazer, indicar caminhos e tecnologias a serem usadas objetivando aumentar a produção e a produtividade no campo.

Entretanto, quando se analisa a história da evolução tecnológica na pecuária de leite em países, hoje, considerados muito evoluídos, se verifica que a introdução de conceitos científicos no meio agrícola exigiu um trabalho concentrado sobre as gerações mais novas, que realmente fizeram a revolução quando assumiram o papel de administradores e executores das atividades rotineiras das fazendas, porque houve, na realidade, mudança de conceitos.

Existe uma lenda que os britânicos gostam de contar a todos os visitantes que ficam encantados com os maravilhosos jardins dos parques, dos palácios e das residências espalhadas por toda a ilha do Reino Unido. Um turista americano comprou, para levar para o seu país, sementes das gramíneas e das flores, mudas das árvores, sacos de adubos, pacotes de pesticidas e muitos livros ensinando como estabelecer, conduzir e cuidar de jardins. Depois de dois anos, voltando à loja onde adquiriu todos os produtos, fez uma reclamação ao dono, dizendo que possivelmente ele não adquiriu algo essencial, já que seu jardim estabelecido na América, seguindo rigorosamente todas as informações, não ficou como esperava. A resposta foi simples e objetiva: *"não é possível comprar e levar para seu país a tradição em jardinagem"*. Em outras palavras, não adianta ensinar como fazer se o conhecimento não for acompanhado da experiência, da vivência e da sensibilidade de saber por quê medidas são tomadas, a ordem de importância dos fatos e, sobretudo, entender que as atitudes não podem ser consideradas isoladamente, pois, em conjunto, é que contribuem decisivamente para o todo, formando uma concepção sólida, chamada de tradição.

As dificuldades na introdução de tecnologia para a produção de leite no Brasil e em outras regiões em desenvolvimento têm mostrado que a simples difusão de conhecimentos provenientes da pesquisa científica, local ou universal, não leva a bons resultados. Fazendas que importaram modelos tecnológicos completos do exterior, corretos, testados e bem sedimentados, nem sempre conseguem sucesso, porque pode haver falta de algo que dê sustentabilidade e integre o conhecimento. Às vezes, ênfase é dada a fatos que na ordem de importância ocupam um lugar secundário, em detrimento de atitudes que não poderiam ser postergadas para o futuro.

Em outras ocasiões, os executores dos trabalhos rotineiros não priorizavam ações, inverteram a ordem das atividades, apesar de terem conhecimento de como executá-las. Essas propriedades, erroneamente caracterizadas como tecnificadas são, na realidade, locais onde são aplicadas tecnologias, usadas máquinas de última geração, gado especializado e na aparência são semelhantes a muitas esparramadas pelo mundo. Entretanto, não passariam numa avaliação crítica de pessoas com conhecimento e tradição em pecuária leiteira empresarial, que buscam eficiência e lucratividade, tendo consciência não só de como, mas também do por quê.

Verifica-se também, com frequência, que indivíduos portadores de diplomas universitários não conseguem sucesso em difusão de tecnologia ou orientação técnica, porque nas escolas aprendem conceitos tecnológicos corretos, mas isolados, sem uma visão do todo, da importância relativa e, muitas vezes, não são capazes de estabelecer pontes entre os conhecimentos adquiridos. Como nem sempre têm vivência, não conseguem enxergar a complexidade das interações e, o que é mais grave, às vezes, iniciam os trabalhos pela copa e não pela raiz. A inversão das ações pode resultar em decepções que criam uma imagem negativa do conceito tecnológico, como se observa com grande frequência.

A vivência sem o conhecimento das causas, efeitos e consequências é outro fator desfavorável à difusão de tecnologia, porque a busca de conhecimento onde existe somente a prática traz resultados nem sempre previsíveis. Pessoas consideradas experientes, que acreditam somente no conhecimento adquirido através de tentativa e erro, são incapazes de estabelecer os elos entre os diferentes segmentos a serem manipulados e, com frequência, observam corretamente, mas concluem de forma errada por desconhecimento do por quê dos fatos e das ações tomadas na fazenda que, necessariamente, não são as melhores, mas, sim, as mais adaptadas.

Somente educação, que leve ao conhecimento consciente, pode contribuir para mudanças nas fazendas leiteiras. Existe necessidade de trabalhar com pessoas que aceitem, entendam e possam aplicar os conhecimentos tecnológicos obtidos através da difusão de princípios científicos que indicam como e explicam por quê.

ADAPTAÇÃO DE TECNOLOGIA

REVISTA BALDE BRANCO - Nº 463 - MAIO DE 2003

Houve um tempo em que se falava da necessidade de haver validação de tecnologias a serem aplicadas nas fazendas leiteiras, para se ter certeza de que resultados favoráveis seriam obtidos. Assim sendo, a difusão de conceitos de produção intensificada seria lenta e o tempo para a coleta e a interpretação de dados muito longo. Tudo seria também dificultado porque se acreditava que as tentativas deveriam ser feitas em várias regiões devido às diferenças climáticas e regionais, que possivelmente influenciariam negativamente o desempenho do rebanho.

Na mesma época, se admitia, também, a existência de tecnologia 'alta' 'média' e 'baixa', para caracterizar propostas que seriam aplicadas com investimentos maiores ou menores, ou que poderiam ser consideradas mais simples ou mais complexas. Todos esses conceitos foram revistos quando alguns produtores importaram conceitos de outros países, aplicaram em suas fazendas, e alguns obtiveram resultados satisfatórios.

Além desse fato, a consciência de que os conceitos tecnológicos são universais e que adaptações locais eram necessárias somente por causa de aspectos operacionais, como inexistência de máquinas e despreparo de mão de obra, mostrou que não havia necessidade de tornar complexo um fato que poderia ser solucionado de maneira diferente. Tecnologia para produção de leite em qualquer modelo, região, condição climática ou localização geográfica depende de vacas nutridas, saudáveis, em ambiente livre de estresse, reproduzindo normalmente e possuindo persistência de produção.

Se houve evolução em grande parte do meio técnico e no setor produtivo com relação aos conceitos de aplicação de tecnologia, ainda persiste o pensamento de que é necessário testar algumas propostas apresentadas com base em fundamentação científica, prevalecendo, então, a ideia da validação, sem o uso da denominação sofisticada do passado.

Em muitos casos, se verifica, também, a tentativa de modificá-las com adaptações fundamentadas na experiência prática ou no 'eu acho', o que representa a manutenção do conceito de que as respostas dependem do local onde esse conceito é aplicado, sem levar em consideração o significado real de tecnologia, pois, na adaptação, pode ocorrer algum problema que poderá afetar o fundamento do processo produtivo. Essa situação é característica de países que não conseguem evoluir, mantendo ao longo do tempo produtividade baixa e dificuldades econômicas.

Bem mais sério e prejudicial à difusão e introdução de tecnologia em fazendas leiteiras é o velho e arraigado hábito de se copiar práticas adotadas por outros produtores, tentando, com isso, melhorar a produção, a economia ou resolver problemas, sem ter conhecimento do que está sendo feito ou as razões das práticas adotadas. É muito comum a cópia de quantidades de adubos aplicados em pastos, sem a preocupação de saber que os valores foram calculados com base em análises de solo, expectativa de lotação e época do ano, e adotar conceitos de manejo diferenciados por falta de entendimento do que ocorria no local visitado.

A expectativa de que a nova tecnologia poderia contribuir para melhorar o panorama da fazenda não aparece e, com isso, volta-se a adotar o que a tradição havia ensinado, mesmo sem resultados, porque dessa maneira não existem investimentos, mas, principalmente, frustração. A implantação no país de um bezerreiro totalmente fechado, com circulação forçada de ar, é outro exemplo de que copiar nem sempre leva a resultados, mas pode, com certeza, proporcionar perda de dinheiro, tempo e descrédito em tecnologia.

O fato ocorreu porque a visualização da estrutura em região fria do hemisfério norte agradou e, além disso, fez-se a interpretação das razões do uso com base em dedução aparentemente lógica, mas totalmente desprovida de fundamento técnico, resultando, então, no abandono da inovação apresentada como revolucionária.

O conhecimento técnico científico pode justificar porque existe necessidade de se considerar clima, localização geográfica e práticas de manejo na introdução de tecnologias, fatos que garantem o sucesso do empreendimento. Dois exemplos: plantas de clima temperado que exigem dias longos na estação de crescimento podem não tolerar temperaturas elevadas no verão e a circulação forçada de ar em estábulos fechados é necessária em climas frios porque bovinos não toleram ambientes sem ventilação e úmidos.

Todas as vezes que uma proposta nova for introduzida, existe necessidade de se conhecer as razões científicas, deixando de lado o entusiasmo, o que parece lógico, e a interpretação pessoal de como ou porque adotá-la, sem copiar, adaptar e testar, procurando obter resultados sem desperdício de dinheiro.

O FUTURO DO LEITE EM SÃO PAULO

REVISTA BALDE BRANCO - Nº 467 - SETEMBRO DE 2003

No passado, o Estado de São Paulo chegou a ser referência nacional em termos de produção de leite. Não porque ocupava o segundo lugar, contribuindo com cerca de 20% do total, mas, sim, porque servia como modelo de fazendas bem estruturadas, que produziam leites tipo A e B, produtos de melhor qualidade, diferenciados do que se consumia no restante do país, tornando possível apreciar o sabor de um leite fluido diferente do que se estava acostumado.

Sua influência se estendia aos Estados limítrofes, onde existiam fazendas similares, próximas da fronteira, que contribuíam para o abastecimento do maior mercado consumidor de leite e produtos lácteos do Brasil. A estrutura foi estabelecida em um período de tempo relativamente curto porque, na época do Milagre Brasileiro[1], era possível encontrar crédito subsidiado abundante e especifico para a modernização de fazendas, e até mesmo, a criação de novas unidades em áreas destinadas a outras atividades, onde não existia nenhuma estrutura para pecuária de leite.

Foi o período em que as propriedades introduziram a ordenha mecânica e o resfriamento de leite, passaram a explorar gado especializado, estabeleceram controle sanitário como rotina e também começaram a produzir alimentos volumosos de melhor qualidade. Afinal, a composição do leite era controlada e a nutrição passou a receber uma atenção especial, por afetar, principalmente, o teor de gordura e a crioscopia, fatos que podiam reduzir o volume da cota não só do produtor como também dos laticínios. Tomou-se também consciência de que a contaminação bacteriana do leite precisava ser controlada, para que a matéria prima passasse na inspeção como leite tipo B.

Naquela época, o mercado de fêmeas era muito ativo, as exposições paulistas tinham destaque pelo número de animais, qualidade e entusiasmo dos criadores. Houve também importação de gado em escala relativamente grande, pois o crédito subsidiado atendia à expectativa de melhoria rápida do rebanho e, esse fato serviu para revelar as diferenças entre o porte das vacas importadas

1Milagre Econômico Brasileiro - denominação dada ao período de excepcional crescimento econômico durante o regime militar entre 1968 e 1973. Nesse período a taxa de crescimento do PIB (Produto Interno Bruto) saltou de 9,8% ao ano em 1968 para 14,0% ao ano em 1973, sendo que a inflação passou de 19,46% em 1968 para 34,55% em 1974.

e o das nacionais, revelando conceitos diferentes de manejo e nutrição. Na realidade, foi a época em que conceitos tecnológicos começaram a ser utilizados na pecuária leiteira. Com isso, São Paulo assumiu papel importante na difusão da imagem de fazendas diferenciadas para o restante do país.

Nota-se que existe hoje, uma grande curiosidade sobre a situação da pecuária de leite no Estado de São Paulo, porque a mídia dá grande destaque para as liquidações de planteis de fazendas que fizeram investimentos de vulto. Além disso, parece existir certo desânimo com relação à produção leiteira, fato que pode ser caracterizado na atitude dos fazendeiros desiludidos com a atividade, nas opiniões da mídia que caracterizam a produção de leite como negócio pouco confiável, na antevisão de um futuro pouco promissor para quem permanecer na atividade.

Outro fato é a redução no número de fêmeas leiteiras, pois em 1999 havia cerca de 1,83 milhões e, em 2002, 1,68 milhões. Em 1988, quase 80% do leite fluido sob inspeção no Estado eram provenientes da produção local e, hoje, o abastecimento é feito em grande parte por produtos de todo o território nacional, inclusive do exterior.

As mudanças estruturais no setor com a inserção do leite na economia de mercado, a introdução e aceitação do comércio varejista e do consumidor para o leite longa vida, acabaram com a importância das bacias leiteiras próximas aos centros consumidores. Além disso, a grande expansão das culturas de cana-de-açúcar e laranja alterou o panorama rural, pois essas culturas foram estabelecidas em áreas de pastagens, ocorrendo no Estado, de 1960 a 1980, cerca de 45% de redução nos pastos, havendo regiões leiteiras onde a diminuição atingiu cifras próximas de 70%. Como consequência, o leite que ocupava o terceiro lugar entre os trinta principais produtos formadores da renda bruta dos produtos agropecuários em 1995, passou, em 2002, para o nono lugar.

Apesar do panorama aparentemente desanimador, o Estado de São Paulo possui potencial latente para produção de leite, pois a maioria das fazendas é pequena, com predominância de trabalho familiar. Os trabalhos técnicos desenvolvidos pela CATI[2], pela EMBRAPA[3] e por profissionais autônomos são inquestionáveis. Revelam que, havendo aplicação de conceitos de intensificação, os resultados são surpreendentes, de maneira que São Paulo possa servir

2CATI - Coordenadoria de Assistência Técnica Integral ligada à Secretaria de Agricultura e Abastecimento do Estado de São Paulo.

3EMBRAPA - Empresa Brasileira de Pesquisa Agropecuária ligada ao Ministério da Agricultura, Pecuária e Abastecimento do Brasil.

de modelo de aumento considerável de produção, com resultados econômicos, para proporcionar condições dignas de vida e fixação de produtores em áreas pequenas, sem se preocupar em ser um dos grandes nas estatísticas gerais, já que o solo paulista foi destinado para agricultura de exportação.

AVANÇOS E RETROCESSOS

REVISTA BALDE BRANCO - Nº 468 - OUTUBRO DE 2003

Na atualidade, a evolução técnica é significativa, como consequência do embasamento sólido oferecido pelo desenvolvimento científico. Todos os campos do conhecimento humano mostram avanços consideráveis e o setor agrícola não poderia deixar de fazer uso de uma vasta gama de conhecimentos acumulados através dos anos. Mesmo os países em desenvolvimento, que não possuem disponibilidade de recursos vultosos para investimentos em pesquisas básicas, que oferecem o alicerce para a aplicação prática de conhecimentos capazes de provocar mudanças nas ações desenvolvidas pelos agricultores, são beneficiados pela globalização das informações e dos conceitos desenvolvidos em outros lugares.

A Revolução Verde[4] estabelecida na metade do século XX mostrou que novas variedades de plantas, aplicação de pesticidas e herbicidas, conhecimento mais sólido do uso do solo e da água, desenvolvimento de plantas resistentes a doenças e de máquinas eficientes, conseguiram derrubar as teorias de que a humanidade não seria capaz de produzir alimentos vegetais suficientes para sua sobrevivência. De maneira semelhante, os progressos em nutrição, ambiência, saúde, genética e manejo possibilitaram aumentar substancialmente a disponibilidade e a qualidade de produtos de origem animal, levando à obtenção de valores de produção jamais imaginados em séculos passados.

Hoje, existe a certeza de que a tecnologia agropecuária, adequadamente aplicada, possibilita a produção de alimento para toda a humanidade. O problema ainda existente em determinadas regiões se deve a impedimentos culturais para aplicação de tecnologia, falta de recursos para adequação do uso do solo e de

4Revolução Verde - amplo programa idealizado pelo Dr. Norman Borlaug dos Estados Unidos para aumentar a produção agrícola em países menos desenvolvidos durante as décadas de 1960 e 1970, por meio de sementes híbridas, uso de fertilizantes industrializados e defensivos agrícolas, mecanização, novas tecnologias de plantio (inclusive o sistema de plantio direto), de irrigação e de colheita, gerenciamento da produção e redução de custos.

insumos, dificuldades para distribuição de alimentos e falta de poder aquisitivo por grande parte da população urbana, que tende a aumentar em ritmo acelerado.

Na pecuária leiteira, o panorama não é diferente, pois o progresso alcançado nos últimos 100 anos, só não é surpreendente, porque existe a possibilidade de explicar como e por que ele aconteceu. A análise dos índices de produtividade e das expectativas dos produtores de aves, suínos, ovinos, cabras, etc. no final do século XIX, pode revelar como a mudança foi rápida, consistente e efetiva para alterar o panorama geral da exploração de animais domésticos.

Nas regiões que não conseguem resultados significativos, os recursos financeiros e humanos são escassos e as barreiras culturais são grandes. O apego a conceitos tradicionais, desprovidos de fundamentação científica, permanece, levando a retrocessos inaceitáveis para o estado atual do conhecimento, e assim, o progresso não atinge o ritmo ou a consistência necessária para sedimentação da atividade de produção de leite.

Causam preocupação algumas atitudes ou propostas adotadas no país ultimamente, por falta de fundamentação técnica. O uso de touros de corte em vacas exploradas para leite para obtenção de bezerros para abate é um conceito do século XIX e introduz características de persistência baixa, difícil de ser posteriormente eliminada. Suplementos alimentares de efeitos fantásticos, sem comprovação científica, e bioestimulantes sem testes científicos são exemplos de propostas incompatíveis com a atualidade. A venda de sêmen de touros sem teste de progênie, filhos de vacas campeãs de exposições, com lactações significativas e de touros importados está novamente sendo implementada, apesar de se saber que a probabilidade de disseminação de material genético de qualidade inferior é alta.

Em produção de leite, o cruzamento de 'bom com bom' não resulta, necessariamente, em animais de qualidade, como consequência da dificuldade de se avaliar, sem testes, o valor genético do reprodutor. No passado, o sêmen de touros nacionais, sem prova, era mais caro que os importados por serem de campeões de exposições ou de filhos de vacas boas. Os resultados, no entanto, não foram os esperados. A adoção de propostas como esta é um retrocesso incompreensível, num período em que se notam avanços consistentes em fazendas leiteiras do país e existem técnicos de boa qualidade.

Argumentos científicos e a análise de resultados de testes de progênie (porcentagem de animais aproveitados) justificam o risco do uso de sêmen de touros não provados, mas observações práticas também podem revelar que campeãs de exposições e recordistas de produção de leite não geram, necessariamente, touros de elevado mérito genético, nem para leite nem tipo, como também, poucas filhas escolhidas não representam um potencial. O resultado, positivo ou negativo, só aparece quatro ou cinco anos depois.

O QUE NÃO ESTÁ EM EVIDÊNCIA

REVISTA BALDE BRANCO - Nº 487 - MAIO DE 2005

No momento em que exportações de lácteos se tornam realidade, novos mercados de grande expressão, como o México, são pesquisados para ampliar a possibilidade de aumento nas vendas externas. Ao mesmo tempo, tal notícia se mistura a outros acontecimentos também significativos do setor leiteiro, deixando que as análises e os comentários envolvendo os preços pagos aos produtores fiquem em segundo plano na mídia especializada, fato raro no cenário lácteo nos últimos anos.

O início do pagamento de leite por qualidade, por exemplo, é uma inovação que provocará mudanças rápidas e duradouras para alavancar a modernização tão esperada da produção. Tudo está acontecendo sem contestações e sem necessidade de intervenção governamental, pois o mercado tem força e causa impacto maior que qualquer tentativa de regulamentação. Num país onde o presidente declara que existem leis que pegam e outras que não, exigências impostas pelos compradores são mecanismos mais efetivos para o atendimento de necessidades imprescindíveis para o momento atual.

O recolhimento de leite resfriado nas fazendas, um passo significativo para o início do esforço para obtenção de matéria prima de qualidade, foi implantado rapidamente, sem haver interferência ou necessidade de regras pré-estabelecidas. Atualmente, vários fazendeiros têm consciência da necessidade de tanques de resfriamento, que um dia foram considerados caros e de difícil aquisição. Isso tudo favorece a introdução de duas ordenhas em regiões mais remotas e possibilita remuneração de leite de melhor qualidade e volume, o que paga o investimento feito para a aquisição do equipamento e viabiliza a venda para o mercado formal.

Remuneração melhor por diferentes características químicas relacionadas com produto sem contaminação, de composição adequada para o processo de industrialização e rejeição de leite impróprio para consumo pelas empresas compradoras, criará padrões que os produtores terão de seguir para tornar possível a comercialização.

Sem alarde ou destaque na imprensa, outros fatos importantes estão acontecendo dentro das fazendas, indicando que existe possibilidade de mudanças significativas para o setor que se prepara para o comércio exterior. Visitas a propriedades de diferentes regiões do país podem revelar que, finalmente, práticas relacionadas com uso correto de técnicas estão sendo aceitas e adotadas de maneira espontânea e consciente por inúmeros produtores, de diferentes níveis culturais, em modelos físicos de produção de vários tamanhos, do poder de investimento ou do tipo de mercado para o leite produzido.

O conceito de que a tecnologia estaria associada à riqueza, sofisticação e sistemas de confinamento foi substituído pelo conhecimento de que o objetivo é a obtenção de resultados satisfatórios para o proprietário e remuneração do capital. A ideia bastante difundida de que tecnologia eleva custo de produção está sendo substituída pela certeza de que o aumento da renda compensa, aumentando o lucro. Matéria publicada por pesquisadores da EMBRAPA Pecuária Sudeste de São Carlos (SP), revelou que a introdução de conceitos corretos de tecnologia em fazendas familiares de São Paulo e Minas Gerais aumentou o custo operacional efetivo em 22% e o lucro em 64%. Os resultados foram obtidos sem investimentos em edifícios, máquinas, animais caros e tecnologias consideradas de ponta, mas, sim, em recursos produtivos manipulados de maneira adequada.

Atualmente, pode-se ver no sertão do Ceará um pequeno produtor que investiu recursos próprios para racionalizar sua fazenda mostrando dados econômicos, fazendo cálculos sobre necessidade de adubo ou se preocupando com número de regas e quantidade de água a ser aplicada em pastos rotacionados, inseridos em modelo físico de grande simplicidade, em que se encontra o tanque de expansão.

Na principal região produtora de soja do Rio Grande do Sul, é possível analisar dados de uma fazenda simples, tecnificada, sem financiamento externo, mostrando que o lucro por hectare é maior com o leite do que com a agricultura. Fatos semelhantes podem ser encontrados em outros Estados, revelando avanços significativos, pois não se discute mais a importância da tecnologia. Em todos os locais, existe um fato comum: os resultados acontecem porque existem técnicos capacitados para planejar e orientar como conduzir uma atividade complexa, que sempre foi considerada fácil por quem não sabe o que é realmente tecnologia.

Programas como o da EMBRAPA Pecuária Sudeste/CATI em São Paulo,

Pasto Verde no Ceará, Educampo em Minas Gerais e outros igualmente importantes, mostram de maneira inequívoca que melhorias podem ser introduzidas com recursos próprios, mas com a colaboração de técnicos preparados para ensinar que utilizar tecnologia significa saber trabalhar a fazenda como um todo, manipulando fatores que aumentam a renda e possibilitam lucros aos produtores. Os conceitos utilizados independem do modelo de produção, e os resultados, nem sempre divulgados, levam à certeza de que o caminho foi, finalmente, encontrado.

INFORMAÇÃO PARA PRODUTORES

REVISTA BALDE BRANCO - Nº 489 - JULHO DE 2005

No chamado mundo desenvolvido, o setor leiteiro sempre teve um papel de grande significância na formação da renda bruta da agricultura para a produção de alimentos insubstituíveis destinados à população, e também, por se constituir em estilo de vida muito apreciado e valorizado, por fazer parte integrante da cultura dos povos que se estabeleceram no hemisfério norte.

Escritos americanos antigos afirmavam que, sendo uma opção de vida, a fazenda leiteira, quando considerada como negócio, possibilita também a oportunidade de se atingir metas estabelecidas para um padrão de vida compatível com os desejos ou as possibilidades de cada fazendeiro. Se a pecuária leiteira propiciar resultados econômicos, poderá oferecer condições para que a fazenda continue e prospere produzindo leite. Para tanto, se torna necessário ter ou adquirir preparo suficiente para o controle da economia da atividade, bem como o conhecimento para o uso eficiente do solo e do rebanho e de todos os fatores produtivos que interferem na atividade.

Existem diferentes formas de difusão de conhecimento para a capacitação de produtores de leite no desempenho de suas complexas atividades e, entre elas, mesmo no mundo cada vez mais virtual, as revistas específicas têm destaque porque, sendo capazes de traduzir linguagens complexas e, muitas vezes, misteriosas de trabalhos científicos em matérias facilmente assimiláveis para fazendeiros, contribuem de maneira decisiva para a evolução do setor.

Nos Estados Unidos maior produtor de leite de vaca do mundo, a primeira publicação para produtores de leite foi editada em 1885 e permanece, até hoje, por ter conquistado, através dos tempos, reputação de seriedade e transmissão de informações úteis e representativas. Analistas consideram que a maior influência das publicações especializadas ocorreu logo após a Segunda Guerra Mundial, época em que houve mudanças grandes e rápidas nos sistemas de produção e, como consequência, evolução em equipamentos, insumos e técnicas, como a inseminação artificial. Nesse período, as empresas passaram a se interessar cada vez mais pela propaganda de seus produtos, fato que também contribuiu para que o volume de informações técnicas crescesse rapidamente.

Divulgar a fim de contribuir para a formação de uma base de conhecimento sólida não é uma tarefa fácil, porque, além de conteúdo correto para auxiliar na difusão de conceitos técnicos, há a necessidade também de se utilizar uma linguagem compreensível para o leitor, principalmente, quando o público que irá receber as mensagens ou não tem formação escolar sólida ou desconhece totalmente o tema apresentado. É preciso manter uma linha editorial que contemple, além de aspectos eminentemente técnicos, também políticas públicas, comercialização, tendências, problemas trabalhistas, e outras atividades de interesse para o setor.

Divulgar o que se faz ou se obtém em outras regiões do mundo pode auxiliar na motivação para adoção de práticas importantes para o desenvolvimento das fazendas. Anseios e expectativas dos consumidores, evolução da indústria no preparo de novos produtos lácteos e a necessidade de leite de melhor qualidade podem auxiliar na adoção de posturas diferenciadas nas unidades produtoras. Um exemplo característico foi a contribuição dos artigos escritos nos Estados Unidos sobre a tendência de redução de consumo de leite pela alteração de sabor, provocado pela ordenha inadequada, havendo, então, a disseminação rápida da necessidade de mudar as práticas adotadas pelos fazendeiros.

O objetivo das revistas periódicas deve ser informar e atualizar conhecimentos úteis não só para produtores como também para empresas e agentes de extensão, e contribuir decisivamente para a elucidação de controvérsias que surgem ao longo do tempo. Sob este ponto de vista, oferece contribuição decisiva para desmascarar falsas tecnologias que são comuns quando o setor é pouco evoluído. Propostas mirabolantes são divulgadas e prejuízos consideráveis podem acontecer, como ocorreu no caso das vacas mecânicas para a produção de leite de soja.

Analisando o futuro das revistas leiteiras num mundo onde a internet ocupa cada vez mais espaço, especialistas preveem que será necessária uma adaptação, principalmente na qualidade, amplitude e utilidade das informações prestadas. No Brasil, a lenta ampliação das redes de banda larga e o uso restrito de computadores no campo continuarão possibilitando espaço para que as publicações periódicas sejam o veículo mais importante de informações, como ainda acontece em muitas regiões desenvolvidas. O importante é que as informações sejam atualizadas, que não haja divulgação de propostas milagrosas, sem fundamento, de modo que a reputação de seriedade e o reconhecimento dos méritos e dos objetivos possam ser cada vez mais orientados para a valorização desse meio de difusão de conhecimento amplo.

SÓ EXPORTAR NÃO GARANTE O FUTURO

REVISTA BALDE BRANCO - Nº 490 - AGOSTO DE 2005

Vender leite e produtos lácteos no mercado internacional tem sido ultimamente, um fator de estímulo para mudança de rumo e atitude no setor leiteiro, que viveu um longo período de incertezas quanto ao futuro, decorrente de um cenário marcado pelo crescimento contínuo e relativamente elevado da produção.

No entanto, tal tendência nunca foi acompanhada pelos índices de produtividade, comparativamente, bem mais retraídos. Essa afirmação é sempre contestada, porque se confunde produtividade com produção, já que houve aumento nas quantidades entregues por dia aos principais compradores e aumentos percentuais significativos no desempenho do setor. Sob este ponto de vista, não se considera que os fatores produtivos ainda são usados de maneira precária, com ineficiência, e que o índice relativo à contribuição da vaca média do Brasil para o volume produzido, continua em patamares abaixo da lactação de uma boa vaca de corte, que produz somente para a criação do bezerro.

O uso de porcentagens para caracterizar o desenvolvimento distorce a análise, pois, avaliando o que ocorreu na produção do país nos últimos dez anos, com base em dados oficiais, a produção aumentou 42,5%, o número de vacas 2,1%, e a contribuição da vaca média para a produção total do Brasil cresceu 40,3%. Entretanto, considerando valores absolutos, a contribuição da vaca média passou de 810 kg por ano em 1994, para 1.137 kg em 2004, valor equivalente a somente 32,7 kg de leite por ano ou cerca de 90 g por dia.

Não existem, portanto, motivos para comemoração, mas, sim, indicações de que o caminho para melhoria real deve ser encontrado se o Brasil, realmente, tiver pretensões de efetivamente competir no mercado internacional. A análise dos países exportadores revela que existe sempre um grande excedente de leite, fato que não acontece no Brasil, como consequência de pequena capacidade produtiva do rebanho e da grande população, com ritmo de crescimento relativamente elevado.

Havendo consumo baixo, como consequência de pequeno poder aquisitivo da população, aparece um pequeno excedente teórico para ser exportado, mas se ocorrerem mudanças, como atender ao mercado interno? Tome-se como exemplo o caso da Irlanda, um país raramente mencionado nas análises sobre o setor lácteo mundial, com área agrícola de 4,3 milhões de hectares, 1.156.000 vacas leiteiras, que ocupa a décima posição em quantidade de leite produzida na Europa (incluindo a Rússia e países bálticos) e exporta cerca de 51% da produção em equivalente-leite, o que representa cerca de 2,8 bilhões de litros por ano. A disponibilidade de leite após a exportação garante 0,700 kg por habitante por dia, um valor característico de regiões desenvolvidas, e bastante diferente do Brasil, onde, com o total produzido, sem exportação, poderiam ser disponibilizados no máximo 0,350 kg por habitante por ano.

Outra característica de regiões exportadoras é o grande investimento em pesquisas para o desenvolvimento de produtos derivados do leite para o comércio internacional, já que leites em pó evaporados ou condensados são mais facilmente encontrados e que a competição por preços pode afetar de maneira decisiva o setor produtivo. Assim, instituições de pesquisa privadas ou governamentais investem em pesquisa e desenvolvimento para obtenção de novas tecnologias para o fracionamento do leite em produtos para uso alimentar, medicamentoso, indústrias químicas, etc.

Mais de 2.000 moléculas distintas já foram isoladas do leite, abrindo novas perspectivas para a utilização do produto que, desde tempos remotos, tem sido considerado um alimento excepcional. Um exemplo bastante característico é o estudo para isolar e caracterizar frações com poder bactericida, gerando uma expectativa muito grande para uso de produtos naturais para fins farmacêuticos, destinados à proteção de crianças recém-nascidas e também para adultos.

Alguns componentes já são incorporados em diferentes produtos como suplementos alimentares, cremes faciais, xampus, pastas de dentes, chicletes, etc. A possibilidade de desenvolvimento de materiais ou produtos de maior valor agregado, certamente abrirá novas perspectivas para o setor lácteo, garantindo a sobrevivência dos produtores em um mundo globalizado, onde a concorrência por preços pode ser contrabalançada pela detenção de tecnologias inovadoras.

Ao invés de euforia, deve existir em nosso país, a consciência da necessidade de estruturação do setor produtivo e industrial, para que estejam capacitados no futuro, a permanecer no mercado globalizado. A certeza de que preços baixos garantirão a venda pode ser alterada pelo aparecimento de competidores e de alterações na taxa cambial, pois o chamado 'custo Brasil' é um fato incontestável.

Investimentos devem ser alocados para formação de técnicos de alto nível, melhoria, capacitação e ampliação dos laboratórios dos institutos de pesquisa e universidades que trabalham no campo da tecnologia de produtos lácteos. Preparar-se para o futuro pode significar a diferença entre simplesmente entrar, ou permanecer crescendo no mercado internacional de leite e derivados.

ORGULHO DE SER PRODUTORA DE LEITE

REVISTA BALDE BRANCO - Nº 519 - JANEIRO DE 2008

Mesmo quem sempre se interessou pelo setor leiteiro pode ser surpreendido pelo conteúdo do testemunho de produtores e membros de suas famílias sobre o significado e a imagem deste importante segmento do agronegócio. Desde o começo do século XX, existem depoimentos desfavoráveis sobre produção de leite, sendo a atividade considerada problemática sob o ponto de vista econômico e, com frequência, se afirma que é característica de pobreza, pois as chamadas regiões ou bacias leiteiras mostram paisagem desoladora de estagnação e fazendas descapitalizadas.

Produtores que liquidaram plantéis, depois de grandes investimentos, alardeiam não ser possível obter rentabilidade com os preços praticados, falta de apoio de órgãos governamentais e dificuldade de comercialização, porque os compradores não têm sensibilidade para entender a necessidade de conceder preços justos para o produto.

Muitas pessoas frustradas por tentativas mal sucedidas ainda declaram, depois de muito tempo, que uma das maiores alegrias de suas vidas foi quando a última vaca leiteira deixou a fazenda. Um capataz, em tom de brincadeira, chegou a dizer que no leilão de liquidação de plantel iria arrematar a melhor matriz do rebanho para fazer um churrasco para os empregados da fazenda, porque o trabalho voltaria ao normal com o desaparecimento das vacas, sem definir o significado de 'normalidade'. Insucesso, revolta e desânimo são sentimentos declarados, ainda hoje, em propriedades que estão em operação, quando o preço pago ao produtor é reduzido por força do mercado ou não se consegue recursos para pagar as despesas que se avolumam com o passar do tempo.

Quando alguém informa a intenção de iniciar uma fazenda ou acontecem as primeiras dificuldades enfrentadas numa tentativa mal sucedida de se aventurar na produção de leite, os ouvintes, em tom jocoso que encobre seriedade, anunciam o aparecimento de mais um sofredor e apresentam relatos de inúmeras dificuldades e desistências. Os depoimentos são incisivos e se solicita a ajuda de amigos ou membros da família para tentar dissuadir o sonhador da tentativa de algo que se prenuncia como fracasso certo, inevitável. O fato assume significado mais sério e veemente quando o depoente já teve a oportunidade de viver o sofrimento e a angústia de tentar explorar vacas para produzir leite, conheceu desilusões, ficou revoltado e teve prejuízos, muitas vezes, consideráveis.

Por tudo isso, são impactantes os depoimentos de agricultores familiares que estão, atualmente, sendo orientados por técnicos idealistas e preparados para equacionar propostas corretas de produção intensificada em várias regiões do Brasil. A mensagem cheia de otimismo transmite confiança, certeza, e também, emoção pelo significado que o leite passou a ter em suas vidas.

É tocante ouvir o relato de um pai de família que tem uma gleba de terra e lutava para conseguir renda dentro e fora da propriedade. Depois de fracassar no cultivo de várias plantas e sofrer a pressão psicológica de ter que mudar para a cidade, com a consciência de que não tinha nenhuma qualificação para o trabalho urbano, passaram por sua cabeça ideias trágicas, felizmente, impedidas pela cachorrinha da família. Por fim, forneceu detalhes do que conseguiu com o leite e do que mudou com planejamento e uso correto de tecnologia. A certeza de que poderia continuar no campo porque tinha renda para melhorar o padrão de vida da família foi acompanhada por soluços e lágrimas, que indicavam realização e alegria.

Outros depoimentos, também atuais, espontâneos e tocantes, contribuem para estimular o compromisso de inúmeros técnicos espalhados pelo país, no sentido de continuar com a missão de mostrar o caminho a ser seguido para a obtenção de resultados. Os projetos não são sofisticados, mas, sim, elaborados com base na realidade de cada propriedade, alicerçados em princípios rígidos para a introdução de conceitos técnico-científicos, revelando a proposta, geralmente desconhecida, de que tecnologia está dissociada de riqueza e poder.

Todas as fazendas são acompanhadas por análises econômicas, e os resultados contribuem para introduzir princípios de atividade empresarial em propriedades anteriormente conduzidas com exploração extensiva. Apesar de esperados, não deixam de ser surpreendentes os resultados conseguidos nos projetos idealizados e conduzidos por pessoas capacitadas para dar suporte a produtores que viviam perdidos num universo atrasado e sem perspectivas.

Mudança de vida, previsão de crescimento, esperança de dias melhores e certeza de sobrevivência, mesmo em épocas de crise, levaram a jovem esposa de um produtor a vencer a timidez diante de uma plateia de mais de mil pessoas e subir ao palco para espontaneamente declarar: *"sinto orgulho de ser produtora de leite"*. O depoimento, além de impactante, emocionou produtores e técnicos que, apesar de realizados, não haviam ainda externado o sentimento que traziam no peito.

A MENOR FAZENDA LEITEIRA DO MUNDO

REVISTA BALDE BRANCO - Nº 540 - OUTUBRO DE 2009

Certa vez, um ativista do MST (Movimento dos Sem Terra) duvidou dos bons resultados econômicos apresentados para uma gleba de pouco mais de 0,5 ha, usada para produção de leite, mostrando-se indignado com a denominação de fazenda. Argumentou que em seu assentamento, lotes muito maiores não geravam recursos para a manutenção da família.

Quando inexiste conhecimento técnico, não é fácil acreditar em utilização correta de tecnologia associada a trabalho consciente em glebas pequenas, principalmente, quando bons resultados econômicos são relatados. Por isso, a veracidade só poderá ser comprovada pela visita ao local, análise de dados coletados ou, por exemplo, entendendo a transformação ocorrida no Sítio Boa Vista, de Fábio Jorge de Almeida Machado em Valença (RJ), que transformou pouco menos de um campo de futebol, na menor fazenda leiteira do mundo com objetivos econômicos.

O desejo do proprietário, de transformar uma gleba com área total de 5.550 m^2 em uma fazenda produtora de leite que possibilitasse recursos financeiros para pagar todos os custos da atividade, e sobras suficientes para melhoria do padrão de vida da família, não foi considerado descabido pelo técnico envolvido com o projeto Balde Cheio, porque esta era a rotina que vinha enfrentando com sucesso no trabalho com agricultores familiares.

O desafio era estabelecer um planejamento que se adequasse às características da propriedade e também convencer o agricultor a aceitar as condições para o desenvolvimento do trabalho. Todas as ações teriam de ser combinadas de comum acordo e efetivamente cumpridas. Anotações sobre gastos e rendas, temperaturas máximas e mínimas, chuvas e observações da rotina de trabalho seriam coletadas para análise e discussão sobre o andamento do projeto.

O rebanho a ser mantido no projeto passaria a ser testado para brucelose e tuberculose, visto que o leite como alimento essencial, deve ser isento de doenças transmissíveis ao homem. Por fim, deveria haver comprometimento do técnico e do proprietário com os princípios que norteiam o projeto técnico com o objetivo bem definido de oferecer aos produtores não só conhecimento, mas também possibilidade de desenvolvimento de trabalho sério, com manutenção de princípios éticos no relacionamento humano.

A inexistência de recursos financeiros para iniciar a transformação da pequena área em gleba produtiva não foi um empecilho porque o planejamento propôs a venda de tudo o que existia na gleba para formação de 3.750 m^2 de pastos com a grama tifton 85, irrigados e 1.800 m^2 de canavial para suplementação de volumosos.

Para tanto, a venda de ferro velho, restos de madeira e sete animais entre vacas e crias que perambulavam pela estrada à procura de alimento, possibilitou a formação de um fundo para estabelecimento das culturas forrageiras. Como o proprietário trabalhava fora para garantir seu sustento, visto que o sítio produzia somente 8 litros de leite diários no início do trabalho, a paralisação das atividades facilitou a implantação do sistema. Depois de tudo pronto, com o dinheiro existente no fundo, ampliado pela venda de mudas de capim e de cana-de-açúcar, foram compradas cinco vacas para o início do trabalho.

Dois anos depois de aderir ao projeto, a fazenda conta, hoje, com sete vacas em lactação e uma seca, mantidas em pastagens rotacionadas, suplementadas com concentrado, e produz 110 litros de leite por dia, o que representa mais que 72.000 litros por hectare por ano. Não existe criação de novilhas, e todos os animais nascidos são vendidos, objetivando a manutenção de um rebanho constituído somente por animais que possam gerar renda.

No inverno, os pastos são sobressemeados com aveia e azevém, possibilitando economia considerável de cana-de-açúcar, que pode ser vendida para a obtenção de renda para o sistema. A ordenha manual feita com critério, permite obter leite de boa qualidade comprovada por análises, sendo, porém, substituída por um equipamento de ordenha, para facilitar o trabalho.

O sucesso da atividade não pode ser avaliado somente pela capacidade de planejamento do técnico, lotação elevada por área, qualidade e produtividade dos pastos bem manejados, produção individual de algumas vacas, entusiasmo do proprietário e seus familiares, ou pela simplicidade do sistema implantado. O significado real de propostas tecnológicas realistas e bem fundamentadas aparece quando os dados econômicos são analisados, revelando fluxo de caixa mensal de R$ 782,00[5], o que corresponde a uma sobra anual de R$ 16.908,11 por hectare, um valor considerável para quem possui recursos limitados e almeja continuar no campo trabalhando na gleba que recebeu por herança de seus pais.

O despertar da consciência do que pode ser obtido com a aplicação de tecnologia é a mola propulsora de grande significado para a evolução econômica e social. Insatisfeito com o que tem, o produtor pensa agora em conseguir recursos para comprar o sítio vizinho e duplicar, numa primeira etapa, o potencial da fazenda. Sonhos mais altos, agora fazem parte de suas aspirações, como por exemplo, incorporação de vacas melhores para possibilitar uma produção equivalente a 100.000 litros de leite por hectare por ano.

ASSISTÊNCIA PARA QUEM POUCO PRODUZ

REVISTA BALDE BRANCO - Nº 555 - JANEIRO DE 2011

O crescimento da agropecuária no mundo desenvolvido foi muito rápido a partir da Segunda Guerra Mundial. A razão é que pequenos agricultores da época passaram a utilizar efetivamente o conhecimento cientifico até então acumulado por estações experimentais e universidades, e muitos se transformaram em grandes agricultores.

Neste período da história, ocorreram avanços na pesquisa científica para a elucidação de problemas relacionados com fertilidade de solo, desenvolvimento de máquinas e equipamentos, técnicas de combate a pragas e doenças, lançamento de variedades mais produtivas de grãos, identificação de genótipos superiores para a utilização de touros melhoradores em rebanhos leiteiros, etc.

No caso da pecuária de leite, foi também possível entender mecanismos hormonais, compreender o funcionamento do rúmen, desenvolver técnicas para garantir conforto animal e eliminar ou controlar doenças que provocavam grandes prejuízos financeiros aos fazendeiros.

5Dólar em 01.10.2009 cotado a R$ 1,7786.

A aplicação do conhecimento científico na agricultura só ocorreu porque técnicos capacitados conseguiram ensinar ao homem do campo como interpretar e utilizar em suas propriedades os resultados experimentais repletos de números, avaliações estatísticas e linguagem técnica.

Os extensionistas de organizações governamentais tiveram um papel fundamental e foram responsáveis pela eliminação do receio de que haveria falta de alimentos para a humanidade, considerando o crescimento populacional e a pequena capacidade dos agricultores que, mesmo possuindo áreas relativamente grandes, não produziam de maneira satisfatória.

Um estudo detalhado da produção de alimentos no mundo revelou que a melhoria de produtividade e o uso racional dos recursos naturais criavam perspectivas favoráveis para o futuro, e hoje, ninguém mais fala de fome generalizada no mundo. A Revolução Verde implantada pelo Dr. Norman Borlaug na América Central e na Ásia foi um exemplo marcante do uso de tecnologia agrícola para solucionar o grave problema de desnutrição que existia naquelas regiões.

Com o correr do tempo, os serviços de extensão rural foram restringidos ou desativados por falta de interesse do poder publico e, com a grande evolução tecnológica, outro tipo de agente disseminador de tecnologia surgiu primeiro no meio rural de países desenvolvidos e, posteriormente, nos que demoraram ou têm dificuldades para implantar atividades agropecuárias alicerçadas no conhecimento cientifico. Consultores particulares passaram, então, a atuar de forma mais pontual, pois as atividades exigiam pessoal mais capacitado, surgindo especialistas em diferentes áreas para auxiliar os produtores com informações técnicas compatíveis com sistemas mais produtivos, obtendo resultados econômicos.

O Brasil conta hoje com técnicos capacitados a desenvolver assistência técnica para produção intensificada de leite com resultados econômicos. A melhoria comprovada com o correr dos anos mostra que o trabalho é serio, competente e os resultados são animadores para fazendeiros que deixaram de produzir pouco e mal, e serve de estímulo para os jovens que se aventuram a revelar tecnologia por conta própria, cientes de sua capacidade e com a certeza de resultados.

Quem trabalha com assistência sabe que de início o trabalho é desgastante, pois o técnico tem de trabalhar para vencer o descrédito e a opinião generalizada de que a proposta é inviável, e também precisa convencer os 'entendidos' de que os conceitos utilizados em produção extensiva e extrativista não se aplicam quando o objetivo é estabelecer um sistema que apresente índices de produtividade compatíveis com o conhecimento atual. Com o passar do tempo, os resultados falam mais forte e o trabalho passa a ser valorizado e considerado indispensável pelo produtor, mas não pelos agentes que se comprometeram a participar do projeto de aumentar a produtividade, criar condições para melhoria de vida e manutenção do homem no campo em atividades economicamente viáveis.

Ouvindo as dificuldades enfrentadas por alguns profissionais que fazem atendimento a fazendeiros que produzem pouco e são remunerados por prefeituras, cooperativas, órgãos governamentais e empresas privadas, fica caracterizado que a assistência técnica não é levada a sério. Atraso no pagamento, corte de recursos, dificuldades de transporte e falha no apoio logístico são entraves facilmente caracterizados, que interferem, prejudicam ou inviabilizam uma atividade que ninguém consegue provar inadequada ou desnecessária.

A transformação de um produtor de leite que produz pouco em um que mostra não só aumento de volume, mas também bons resultados econômicos indica que a assistência técnica poderá colocar a pecuária de leite num patamar diferenciado. A atividade precisa ser reconhecida como indispensável para o país que tem a pretensão de ter uma pecuária leiteira do mesmo nível de outras atividades do agronegócio e, para que isso aconteça, a assistência técnica precisa ser posta no seu devido lugar.

LEITE E A ERRADICAÇÃO DA POBREZA

REVISTA BALDE BRANCO - Nº 564 - OUTUBRO DE 2011

Muitos proprietários de glebas rurais vivem em estado de pobreza porque não são capazes de utilizar adequadamente seus recursos produtivos, como solo e rebanho, para a produção de leite e obtenção de renda suficiente, com a finalidade de pagar despesas e possibilitar sobras para investimentos ou melhoria das condições de vida.

Geralmente, as áreas em que trabalham foram herdadas e, como no passado as famílias eram muito grandes, os lotes destinados a cada membro se tornaram pequenos, e a possibilidade de sobrevivência que existira na época dos pais ou avós, desaparece após a partilha.

Solos de baixa fertilidade natural e terras exauridas por atividades extrativas conduzidas por longos períodos contribuem, também, para dificultar a exploração adequada do solo que, muitas vezes, não garante recursos nem para a sobrevivência da família. Some-se a este cenário, a baixa escolaridade e o desconhecimento total dos fundamentos científicos e gerenciais da agropecuária para revelar, então, o panorama de agricultura de subsistência, pobreza e falta de visão para dias melhores no futuro.

São assim encontrados todos os ingredientes para o estabelecimento do ciclo da pobreza, difícil de ser quebrado porque existem barreiras culturais que dificultam ou impedem a introdução de conceitos corretos de tecnologia por meio de princípios científicos para o estabelecimento de atividades agropecuárias com bons resultados econômicos.

Esses pequenos produtores de leite vivem desanimados porque não são capazes de visualizar outra atividade agropecuária para a propriedade tocada com conceitos tradicionais, não possuem capital para promover melhorias e não são amparados por programas bem estruturados de extensão rural.

Algumas vezes, estão inseridos em regiões que não apresentam alternativas para a atividade rural, seja por causa do isolamento, condições climáticas desfavoráveis para agricultura, relevo acidentado e também desconhecimento de outras possibilidades. São geralmente menosprezados, pois, se comenta com frequência, a inviabilidade dos pequenos na agricultura moderna e que estes desaparecerão do cenário agrícola nacional em pouco tempo, porque essa tendência foi observada em todos os países do chamado mundo desenvolvido.

Entretanto, apesar disso tudo, continuam vivendo na dependência de um rebanho bovino desqualificado para a produção de leite, algumas vezes, produzindo queijo e vendendo esporadicamente algumas cabeças para reforçar a renda, que é sempre muito pequena e insuficiente para possibilitar melhor padrão de vida.

O interessante é que, na análise pessimista sobre os pequenos produtores, não são incluídos os que trabalham em áreas bastante restritas, desenvolvendo horticultura para o abastecimento dos grandes aglomerados urbanos. O argumento para a exclusão é que apresentam outro perfil e vivem outra realidade, obtendo resultados econômicos bastante satisfatórios com a exploração intensiva do solo, utilizando para tanto conceitos universais de tecnologia. Para eles, o tamanho da propriedade não é um fator limitante, já que conseguem produtividades altas por hectare e, portanto, renda elevada por área explorada.

Nenhum horticultor tenta produzir com propostas extrativistas, ou seja, sem correção do solo, adubações, irrigação, controle de pragas e doenças, e uso de sementes e mudas selecionadas. A atividade exige planejamento, controle criterioso dos fatores produtivos, medidas para evitar efeitos desfavoráveis do clima e, sobretudo, trabalho duro com conhecimento do que está sendo feito. Se o mesmo conceito fosse empregado para a produção de leite, resultado semelhante seria alcançado?

Dados obtidos em todo o território nacional permitem afirmar que a produção intensificada de leite introduzida em pequenas propriedades rurais propicia resultados econômicos surpreendentes. Trabalhos de orientação técnica priorizando manipulação de fatores produtivos permitem intensificar o uso do solo por meio de pastejo rotacionado, correção do solo e adubação para o aumento da produção forrageira.

Como as áreas a serem trabalhadas são pequenas, os recursos financeiros necessários para alavancar a produção podem ser obtidos com criatividade, segurança no equacionamento das necessidades e racionalidade na proposta de produção de leite. Num estudo envolvendo fazendas pequenas tocadas pela família, ficou caracterizada a possibilidade de obtenção de fluxos de caixa por hectare entre R$ 3.000,00[6] e R$ 8.000,00, mostrando, assim, uma surpreendente disponibilidade de recursos depois de pagar todas as contas.

A produção de leite deveria ser considerada prioritária para a erradicação da pobreza no meio rural. Se recursos financeiros fossem alocados para a assistência técnica, hoje, disponível e capacitada, o resultado obtido com inúmeras fazendas espalhadas pelo Brasil poderia ser ampliado para a melhoria do padrão de vida de pequenos produtores, contribuindo também para resgatar a credibilidade da produção leiteira como atividade economicamente viável e interessante.

MAIS DO QUE CONHECIMENTO DA TÉCNICA

REVISTA BALDE BRANCO - Nº 569 - MARÇO DE 2012

A produção de leite no país não é evoluída, como demonstram os baixos índices de produtividade do rebanho nacional, indicativos de falta de aplicação de tecnologia. Todos os levantamentos de campo feitos para caracterizar a situação das fazendas produtoras apontam que, pequena produção anual por

6Dólar em 01.10.2011 cotado a R$ 1,8804.

vaca, associada à porcentagem baixa de vacas em lactação por hectare durante o ano, levam a uma produção por unidade de área muito restrita e, consequentemente, pequena produção por propriedade.

O uso de vacas mestiças de Zebu, desqualificadas para produção de leite, e a manutenção de grande número de animais improdutivos no rebanho em detrimento de vacas em lactação, mostram que conceitos fundamentais para produção racional e econômica de leite não são utilizados pela maioria dos produtores, que adota sistemas extrativistas e pouco eficientes.

Como consequência disso, a estrutura de produção de leite no Brasil evolui de maneira muito lenta, apesar de existir conhecimento técnico suficiente para alterar o panorama em pouco tempo. Reconhecidamente, a impossibilidade de mudança mais rápida reside na dificuldade de convencer o produtor a aceitar uma nova proposta, para que a atividade possa ser profissionalizada.

É fato reconhecido que a transferência de tecnologia para agricultores que adotam sistemas extrativistas é uma tarefa complexa. Não é fácil quebrar resistências culturais, convencer que o modelo empregado não é racional, propor controle efetivo dos fatores de produção, adotar um rígido controle de gastos e receitas, e ainda propor a introdução de técnicas não convencionais.

Se o produtor não estiver convencido a aceitar uma nova concepção de como produzir leite, o trabalho de assistência técnica será falho e pouco, ou quase nada, será alterado no sistema de produção convencional. Por esse motivo, programas governamentais de incentivo por meio de financiamentos com juros subsidiados para introdução de máquinas, equipamentos e uso de novas tecnologias não deram certo na tentativa de modernização do setor leiteiro nacional. Faltou, na realidade, a concepção de que não se trata apenas de adoção de tecnologia. É necessário também promover mudanças no modo de pensar e agir.

O projeto Balde Cheio é um bom exemplo de programa de transferência de tecnologia que deu certo, exercendo hoje, um papel relevante para a pecuária leiteira nacional. Começou pequeno, sem uma estrutura montada para enfrentar a árdua tarefa de convencer tanto técnicos como produtores da importância de mudar conceitos arraigados e partir para o aproveitamento racional dos recursos existentes, com controle zootécnico e econômico. Não existem modelos de produção pré-estabelecidos, a adesão dos produtores é livre e desburocratizada, e as regras para a entrada no projeto são poucas e simples.

O trabalho tem como base o compromisso verbal estabelecido entre o produtor e o técnico, havendo exigência de seriedade no relacionamento do orientador com o orientado. As técnicas são empregadas de acordo com as características da fazenda e cada caso é estudado como especifico. Podem aderir ao programa produtores que possuem áreas pequenas ou grandes e o único fator limitante é a vontade de trabalhar sob orientação para entendimento de um novo conceito de produção.

O sucesso do projeto pode ser avaliado pelo fato de ter se alastrado rapidamente por todo o país, estando hoje presente em mais de 480 municípios com a participação acima de 3.000 produtores, como consequência da comprovada capacidade de melhorar a economia da atividade e promover grandes alterações no perfil socioeconômico das propriedades trabalhadas.

Os visitantes interessados em observar fazendas assistidas não verão sistemas sofisticados ou técnicas inovadoras e ficarão surpresos com o fato de sistemas simples serem capazes de possibilitar bons resultados econômicos. Tudo isso acontece porque existe entre todos os participantes, a certeza de que a transferência de tecnologia exige mais do que a simples adoção de técnicas.

Objetivando manter um conceito uniforme e promover intercâmbio, foi realizada, no início de março de 2012, em Rio das Ostras (RJ), o 3° Encontro Nacional com a participação de técnicos do projeto de todo o Brasil, visando à reafirmação dos princípios e ideais que norteiam um bem equacionado e estabelecido programa para profissionalização da atividade leiteira.

TÉCNICOS PARA FAZENDAS LEITEIRAS

REVISTA BALDE BRANCO - Nº 582 - ABRIL DE 2013

O desenvolvimento do conhecimento científico, a possibilidade de consultas técnicas na internet, a ampliação de cursos de pós-graduação para o preparo de professores de melhor nível para o ensino e de técnicos especialistas, 'sites' contendo temas relacionados com a atividade leiteira, a condução de fazendas bem estruturadas sob o ponto de vista tecnológico e a existência de consultores com treinamento no exterior criam condições favoráveis para formação e disponibilização de técnicos de bom nível para o setor leiteiro.

Como acontece em todas as profissões, existem especialistas em campos mais restritos do conhecimento com treinamento em pós-graduação, o que é muito adequado para consultorias de melhor nível. Assim, problemas relacionados com nutrição, reprodução, melhoramento genético, bem estar animal, construções rurais, por exemplo, são equacionados rapidamente com segurança e acertos, fato que possibilita a manutenção de fazendas que nada deixam a desejar em relação às encontradas nas regiões mais desenvolvidas em produção de leite.

Se especialistas de bom nível estão disponíveis, existe carência, no entanto, de profissionais capacitados para planejar e contribuir para o manejo racional das atividades das fazendas que estão à procura de caminhos seguros para o desenvolvimento com aplicação de tecnologia. Técnicos que conheçam os fundamentos de produção econômica precisam ter uma visão ampla e clara do que é sistema de produção e que sejam capazes de identificar problemas em todos os segmentos, propor soluções viáveis e entender o verdadeiro significado de tecnologia, reconhecendo que propostas tecnológicas, nada mais são do que ferramentas utilizadas para obtenção de resultados. Assim, se a ação técnica não resultar em avanços zootécnicos e econômicos, não existe aplicação de tecnologia e, sim, o uso de atividades sem o devido retorno.

Os profissionais egressos das universidades não possuem treinamento adequado para atuar em planejamento e condução de fazendas. Isso ocorre porque os cursos são generalistas e os campos de conhecimento lecionados nem sempre interagem para oferecer uma visão de conjunto sobre produção de leite. Para agravar o problema, a maioria dos estudantes matriculados em cursos relacionados com a área rural é de origem urbana e, portanto, não possuem uma visão clara de sistemas de produção, não conseguindo enxergar o todo.

Não existe no país a possibilidade de matrícula em cursos superiores sobre produção de leite, como ocorre em outras regiões. Nos países de pecuária desenvolvida, a família participa da rotina diária e as crianças atuam desde a tenra idade nos trabalhos e, assim, quando cursam a universidade, matriculados em cursos sobre produção de leite, os jovens sabem como é conduzida uma fazenda, a complexidade dos trabalhos rotineiros, a importância do controle econômico financeiro e os principais problemas e suas soluções. Isso porque a fazenda é o meio de subsistência da família, oferecendo também oportunidade para evolução com o tempo, se for conduzida com racionalidade e eficiência usando adequadamente princípios tecnológicos.

No período posterior à Segunda Guerra Mundial, quando os fazendeiros das regiões de pecuária evoluída passaram a utilizar mais tecnologia, os cursos universitários sobre produção de leite utilizavam livros capazes de oferecer uma visão completa da atividade, contribuindo para a formação de estudantes que já tinham uma vivência prática. Além de capítulos sobre nutrição, reprodução, melhoramento genético, construções rurais específicas para gado leiteiro, controle de doenças, fisiologia da lactação, etc., os livros também apresentavam temas para garantir uma formação mais ampla.

Capítulos sobre situação da pecuária leiteira local e no mundo; controle zootécnico e econômico do rebanho; interpretação de índices; comercialização de leite e gado; preparo de animais para exposições; administração do rebanho e do trabalho; registro genealógico e atividades práticas, como cuidados com os cascos; solução para problemas de vícios, como coice, contenção e derrubada de animais; controle de moscas, etc. contribuíam para formar um técnico capacitado não só a orientar um problema específico, como, também, planejar e contribuir para o manejo racional da fazenda leiteira.

Como não existe no Brasil a possibilidade de formar profissionais com capacitação nos cursos regulares, nem livros para possibilitar uma visão gerencial, foram criados estágios extracurriculares para universitários, com ênfase na vivência prática, planejamento e controle da produção, criando assim oportunidade de formação de técnicos diferenciados. Além disso, programas bem equacionados de transferência de tecnologia procuram formar o corpo técnico na prática, com a visão do conjunto, sob supervisão de profissionais capacitados, obtendo assim excelentes resultados na transformação de fazendas leiteiras.

ESTÍMULOS À PECUÁRIA LEITEIRA

REVISTA BALDE BRANCO - Nº 597 - JULHO DE 2014

De tempos em tempos, programas de estímulo à pecuária leiteira são propostos para garantir a demanda que cresce em função do aumento da população urbana e da elevação de consumo por melhoria de renda. Além disso, por ser também uma atividade importante para o meio rural, por envolver muita gente, constituindo-se em base da economia de várias cidades brasileiras, e ainda, por garantir a subsistência de propriedades familiares.

A produção de leite no Brasil é pequena em relação à população, resultando num volume entre 160 e 170 litros por habitante por ano. O incremento da produção é sempre restringido pela baixa produtividade do rebanho nacional. Colabora, também, o fato de que mais de um milhão de estabelecimentos com baixíssima capacidade de produção, respondem por 46,9% do total de leite coletado no país, enquanto cerca de 115 mil estabelecimentos produzem 53,1%.

Levantamentos sobre a situação da pecuária leiteira em diferentes Estados brasileiros mostraram que deficiências tecnológicas e gerenciais em propriedades pequenas, médias e grandes justificam a baixa produtividade dos rebanhos.

Nos últimos 40 anos, programas oficiais de diferentes naturezas foram propostos no Brasil para incentivar a pecuária leiteira. Por exemplo, houve um período em que o crédito farto e subsidiado possibilitou a expansão e o estabelecimento das fazendas de leite tipo B, garantindo grandes investimentos em instalações, máquinas, equipamentos, e, até mesmo, em importação de matrizes. A maioria dos programas exigia elaboração de projeto técnico com detalhamento de viabilidade econômica, que eram caros e complexos para boa parte dos produtores da época. Por isso, os financiamentos favoráveis eram tomados por empresários urbanos que se aventuravam no meio rural. As fazendas estabelecidas eram consideradas diferenciadas, supostamente por utilizarem tecnologia de ponta, porque faziam grandes investimentos e usavam rebanhos de gado registrado, mas a maioria apresentava resultados econômicos desfavoráveis, por terem deficiências técnicas e administrativas.

Alguns levantamentos realizados no fim dos programas de incentivo mostraram que as ações não promoveram mudanças significativas na produtividade dos rebanhos das propriedades beneficiadas.

Os pequenos produtores, por sua vez, nunca foram alvo dos grandes programas de incentivo, porque sempre existiu a suposição de que estavam fadados ao desaparecimento, não tinham condições de atender aos requisitos exigidos pelos agentes financiadores e, sobretudo, por barreiras culturais impostas pela vivência em sistemas de produção extrativista.

O programa de fortalecimento da agricultura familiar (PRONAF) lançado em 1996 procurava beneficiar o segmento que não fora atendido, financiando com juros baixos, também a produção leiteira na tentativa de melhorar a capacidade produtiva e a geração de renda dos agricultores familiares e assentados da reforma agrária. O financiamento é concedido mediante um projeto elaborado por empresa de assistência técnica, mas os resultados auferidos não são animadores, como consequência de deficiências técnicas e administrativas, e pela manutenção de conceitos distorcidos sobre a produção de leite.

Mais um programa de incentivo foi recentemente lançado pelo Governo Federal com a esperança de promover nos próximos dez anos, 40% de melhoria na produtividade do rebanho nacional, tendo por base o desenvolvimento de projetos na área de melhoramento genético do rebanho, capacitação de produtores e técnicos, ampliação do mercado consumidor e segurança alimentar.

Para atingir a meta proposta, será necessário introduzir nas fazendas, sistemas que possam revelar a associação de produção intensificada com lucro sem promover a ideia de que a tecnologia está relacionada a grandes investimentos, para que as propostas sejam aceitas sem restrições e temores. Para tanto, serão necessárias mudanças profundas na concepção de fazendeiros, técnicos e agentes financiadores sobre como produzir leite.

Programas de assistência conduzidos em 3.500 propriedades espalhadas no território nacional têm mostrado grandes saltos em produtividade e economicidade em curto espaço de tempo, inclusive em pequenas propriedades familiares. Têm como base o treinamento de técnicos no campo, para que possam entender o significado de sistema de produção, por utilização racional dos recursos existentes, gerenciamento do processo produtivo e ênfase em renda, uso intensificado do solo, melhoria na nutrição, sanidade e conforto, controle da estrutura do rebanho e seleção de matrizes.

O trabalho, suficientemente testado em diferentes biomas, promove mudanças na atitude dos técnicos e dos produtores que aceitam romper os elos com a tradição, porque existe a certeza de sucesso. A ampliação de programas dessa natureza poderia contribuir de maneira decisiva para melhorar a produtividade das fazendas, estimulando a produção de leite com tecnologia.

PENSANDO O LEITE - VOLUME I

HISTÓRIA

NA ÉPOCA DO CAPIM GORDURA

REVISTA BALDE BRANCO - Nº 344 - JUNHO DE 1993

No passado, quase todas as fazendas das principais bacias leiteiras adquiriam, no final de outono, uma coloração vermelho-arroxeada que conferia ao meio rural uma beleza indescritível: era a florada do capim-gordura. Os campos e as colinas eram cobertos por essa espécie forrageira, que se constituía na base da alimentação dos rebanhos. Os saudosistas juram que o leite era mais forte e saboroso e que o queijo tinha paladar inigualável. Existem mesmo afirmações de que, no tempo do capim-gordura, o país era diferente, mais estruturado, e o fazendeiro quase feliz. Por que motivo então o capim-gordura sumiu das fazendas leiteiras?

Tendo sido introduzido através dos navios negreiros que o utilizavam como cama para os escravos, o capim-gordura teve difusão tão rápida que passou a ser considerado nativo. Quando chegou, foi recebido como milagroso, por reunir qualidades que as plantas da época não tinham condições de oferecer. Por ser de boa palatabilidade, mas de baixa produção e manejo difícil, a espécie foi prejudicada por lotações altas em pastejo contínuo, pelo fogo e pelo ataque de cochonilhas. A sua manutenção nos pastos foi também afetada pela prática extrativista, que nunca prevê reposição de nutrientes no solo, por desconsiderar que cada latão de leite ou animal vendido está levando embora um pouco da fertilidade. A degradação de início lenta, depois acelerada, e a baixa capacidade de suporte dos pastos depois de mais de meio século de exploração levaram os fazendeiros a procurar em outras plantas a salvação da pecuária de leite.

O milagre parecia ter acontecido com a introdução da braquiária, dizendo que valia a pena pagar uma fortuna pela semente de uma planta que ia bem em solos de baixa fertilidade, era resistente à seca, à geada, ao fogo, mostrava boa palatabilidade e era capaz de sustentar uma carga elevada de animais. O preparo do solo para a semeadura incorporava matéria orgânica que, mineralizada, possibilitava vigor à planta estabelecida, mesmo sem correção do solo. A fama se alastrou, os pastos foram reformados, mas os resultados iniciais foram rapidamente desaparecendo. Verificou-se que, na seca, o leite minguava, o gado emagrecia, nas geadas tudo ficava queimado e que as dificuldades voltavam, algumas vezes agravadas pelo ataque das cigarrinhas.

A procura da planta milagrosa tem levado os pecuaristas a acreditar que uma boa espécie forrageira pode contribuir para a solução de todos os problemas. Por esse motivo o número de plantas testadas é muito grande, mas a capacidade produtiva das fazendas continua baixa. Somente uma mudança de conceito será capaz de eliminar a busca pela planta milagrosa. Se o solo for corrigido, se princípios de manejo forem adotados, qualquer planta forrageira pode revelar qualidades surpreendentes. Deve-se também considerar que os pastos só funcionam bem na época quente do ano e que no inverno, seco ou chuvoso, a produção será pequena, havendo então a necessidade de suplementação com volumosos de boa qualidade, o que exclui as capineira passadas.

O milagre da utilização de pastagens de alta produção, como o capim-elefante adubado e manejado em pastejo alto e rotativo, foi realizado com uma planta considerada não resistente ao pisoteio e desprezada no passado. Existem, hoje, glebas utilizadas há mais de vinte anos, que nunca foram reformadas e não mostram sinais de degradação. A área do pasto é pequena, a lotação alta, o gado bem nutrido e os resultados inquestionáveis.

A análise de levantamentos feitos nos anos de 1950 revela que os índices médios de produtividade da pecuária leiteira, na época do capim-gordura, não eram diferentes dos obtidos atualmente. A manutenção do conceito extrativista pela grande maioria dos produtores é responsável pela procura obcecada da planta milagrosa, pelo preço elevado do leite e pela ajuda do governo para a salvação do setor leiteiro. Por isso, nada mudou nos últimos 40 anos, a não ser os pastos que, nessa época do ano, não são mais arroxeados, e só podem mostrar o verde-amarelado, esmaecido e sem graça de plantas que não realizaram o tão esperado milagre.

RETRATOS DO PASSADO

REVISTA BALDE BRANCO - Nº 350 - DEZEMBRO DE 1993

Passado pode ser sinônimo de fatos e coisas sem muito sentido no mundo moderno. Algumas pessoas argumentam que o velho e o desatualizado não podem mais ser considerados e devem ser substituídos por tudo que é recente e atual. O desprezo pelo passado pode levar ao desconhecimento e, com isso, à perda de parâmetros importantes para a comparação do atual com o antigo, colocando algumas vezes o ser humano na incômoda situação de descobrir que seus métodos, ações e pensamentos são os mesmos de antanho.

Conceitos e métodos hoje empregados, aceitos e divulgados no setor leiteiro podem ser cópias idênticas do que se fazia no passado distante, ou o que é pior, revelar que não sofreram evolução alguma com o passar do tempo. Um velho pesquisador americano ficou emocionado ao visualizar em fazendas brasileiras, práticas que seu avô usara cerca de 70 anos atrás e que haviam desaparecido há muito tempo do cenário agrícola de seu país.

É fato sabido que o setor agropecuário dos países em desenvolvimento se mostra lento para a absorção de tecnologia, fazendo com que as mudanças sejam difíceis de serem implementadas. Por isso, a procura de gado rústico, resistente à subnutrição e doenças, fato que ocupa ainda posição de destaque nas fazendas brasileiras, foi também a grande preocupação dos produtores dos países desenvolvidos na época em que raças mistas tinham papel preponderante. Com o desenvolvimento tecnológico, o conceito de rusticidade foi reformulado. Há cerca de 108 anos, uma revista americana argumentava em seu editorial: *"Se nenhuma vaca pode produzir leite recebendo pouco alimento, de qualidade inferior, por que existe a preocupação de procurar raças que suportem essas condições? O objetivo é criar vacas em condições inadequadas ou ganhar dinheiro? De uma coisa o fazendeiro pode estar certo: quanto mais rústica fora a vaca, mais ela se distancia da vaca leiteira. E assim, será incapaz de cumprir a sua missão na fazenda".*

Em 1913, um manual prático intitulado 'A Fazenda Moderna' dizia que o gado leiteiro, por ser mais exigente, necessitava de pastagens diferentes das usadas pelo gado de corte, e que a escolha da raça devia ficar na dependência dos recursos forrageiros existentes. O texto alertava para o fato de que as raças leiteiras não se adaptavam a sistemas extensivos, onde existe falta de alimento em determinadas épocas e o pasto é sempre de baixa qualidade. Por isso, o conceito correto emitido no início do século XX choca frontalmente com a expectativa de se encontrar nos dias atuais a planta que vegete em solos pobres para produzir alimento para o rebanho leiteiro. Verifica-se, assim, que o antigo era moderno, e o atual continua desatualizado. Todas as vezes que as boas lições do passado não são absorvidas, torna-se difícil, senão impossível, aproveitar os avanços do presente e os que virão no futuro, e os retratos do passado podem ser usados, algumas vezes, para representar o momento atual.

Levantamentos realizados há 40 anos diziam que o setor leiteiro era problemático por apresentar uma pulverização da área produtiva, fato que dificultava a organização, a coleta e a obtenção de leite de boa qualidade. Dizia-se também que o crescimento horizontal levava a produção cada vez mais distante dos centros de consumo, dificultando programas de assistência técnica e encarecendo o transporte. Falava-se ainda, que naquela época, a maior parte do leite era proveniente de fazendas onde o produto tinha um valor secundário, porque condições inadequadas de manejo não possibilitavam produtividade e o mercado não tinha condições de oferecer remuneração adequada. A média da época era cerca de 200 g de leite a menos por vaca do rebanho, comparada com a de hoje, uma diferença que pode ser até desprezada, considerando o tempo passado.

Nutrição, sanidade e potencial produtivo da vaca leiteira são conceitos difundidos desde a estruturação do setor no final do século XIX, como alicerces capazes de suportar a verticalização da atividade. Somente uma mudança completa e radical nos conceitos, métodos e práticas atuais será capaz de colocar a pecuária leiteira numa posição em que possa ser mostrada também como um retrato do mundo atual.

O SONHO REALIZADO

REVISTA BALDE BRANCO - Nº 352 - FEVEREIRO DE 1994

Em qualquer fazenda leiteira a ordenha é, sem dúvida, a atividade mais importante, porque dela depende não só a quantidade, mas também a qualidade do leite produzido. Através do contato diário com a vaca, o ordenhador identifica as melhores matrizes, conhece o temperamento de cada animal, identifica cio, doenças e o início da mastite, um grande problema para a vaca e para a economia do processo produtivo. Por tudo o que representa, o ordenhador sempre foi considerado como o indivíduo chave da fazenda, mas só ele sabe como é cansativo, monótono e desgastante enfrentar a rotina da retirada do leite.

A ordenha manual não pode ser considerada difícil quando a produção é baixa e o número de vacas pequeno. Por isso, até o início do século XIX não havia problema para a produção, pois o leite não tinha valor comercial e era produzido em pequena escala, somente para consumo familiar. Com o início da Revolução Industrial, foram estabelecidas as fazendas produtoras de leite, criadas as linhas de coleta, lojas de distribuição e indústrias para o processamento do leite que deveria alimentar os grandes aglomerados urbanos que se formavam rapidamente. Com a ampliação dos rebanhos e a necessidade de produzir cada vez mais leite, a ordenha, que era até considerada agradável para muitas pessoas, passou a ser difícil e a tomar um tempo considerável da rotina diária da fazenda.

Desde o início da estruturação do setor leiteiro, o produtor começou a acalentar o sonho de desenvolver uma máquina capaz de promover a retirada do leite, com o objetivo de economizar tempo e tornar a ordenha menos cansativa. As primeiras tentativas datam de 1824, mas os resultados favoráveis só apareceram na virada para o século XX, quando os pulsadores foram introduzidos nas linhas de vácuo. Assim, o número de vacas ordenhadas por homem foi pelo menos dobrado e o serviço ficou menos cansativo. Até pessoas sem prática de ordenha manual passaram a ser treinadas facilmente e retiravam leite de vacas de alta produção.

Apesar de toda evolução, permaneciam ainda problemas de postura durante o trabalho, como movimentação excessiva e necessidade de carregar o leite até os recipientes de coleta. Com o passar do tempo, as salas de ordenha permitiram o trabalho em pé, as máquinas de circuito fechado eliminaram o transporte do leite e o posicionamento da vaca permitiu maior eficiência e menor movimentação. Equipamentos mais sofisticados passaram a retirar automaticamente a teteira ao final da ordenha, a lavar inteiramente os insufladores e a registrar no computador os dados de produção de cada vaca.

Apesar de todo o progresso, o ordenhador ainda enfrentava problemas, pois a rotina da hora marcada de 365 dias por ano e da repetição continuada das mesmas operações por um longo período de tempo não foram eliminadas com o uso de equipamentos e salas mais sofisticadas. Por isso, o sonho passou a ser, na era eletrônica, o desenvolvimento de robôs capazes de permitir ordenha inteiramente mecanizada e tempo livre para trabalho e lazer nas fazendas produtoras de leite.

Recentemente, na Europa, seis fazendas instalaram o equipamento robotizado que veio realizar o sonho de todo produtor: ordenhar vacas três vezes ao dia, medir a produção, analisar o leite, descartar o produto contaminado e telefonar ao fazendeiro se algo errado acontecer na rotina, tudo sem a presença do homem. O equipamento é também programado para identificar as vacas que podem ou não entrar para a ordenha e posicioná-las para o início da operação. Os resultados já obtidos indicam que a produção de leite foi elevada de 15% nas fazendas que adotaram a inovação.

A chegada dos robôs para ordenha é com toda certeza a grande revolução da pecuária de leite neste final de século XX. Cerca de 150 anos após o estabelecimento do setor leiteiro, o homem não precisa mais acordar cedo, enfrentar a rotina massacrante, trabalhar até tarde e ainda tem possibilidade de programar o seu tempo para outras atividades.

O velho sonho de produzir leite sem ordenhar foi finalmente realizado e, mais uma vez, a tecnologia contribuiu para melhorar a vida do homem no campo.

LATÃO NA BEIRA DA ESTRADA

REVISTA BALDE BRANCO - Nº 390 - ABRIL DE 1997

O final do século XX está sendo caracterizado por avanços tecnológicos que possibilitam mudanças rápidas e drásticas nos hábitos, atitudes e modos de vida e de trabalho. Os computadores, as fibras óticas, a engenharia genética e tantas outras descobertas, trouxeram para o homem novas perspectivas. Também na agricultura a evolução ocorreu rapidamente, com o uso generalizado dos adubos químicos, plantas melhoradas e transgênicas, manipulação de embriões e rendimentos de plantas e animais jamais imaginados pelo ser humano.

O setor leiteiro evoluído adota tecnologia para elevação não só da produtividade como também da economicidade, transformando a atividade em um negócio de vulto e importância para regiões e países. Apresentando qualidade, o leite e os produtos lácteos passam a ter uma importância muito grande para a alimentação do homem e o consumo 'per capta' aumenta de maneira significativa. Contrastando com todas essas tendências, existem ainda no mundo polos de resistência com a manutenção de práticas tradicionais e antigas, pois fatores culturais e econômicos acabam impondo resistência ou mantendo condições que impedem qualquer tipo de mudança.

O latão de leite sobre um jirau na beira da estrada é um dos exemplos característicos de que a pecuária leiteira no país tem ainda um longo caminho a percorrer até alcançar a modernidade. O recipiente para transporte de leite é, hoje, peça de museu onde o setor é evoluído, simbolizando uma etapa natural de desenvolvimento da produção leiteira. Sabe-se, por relatos históricos, que existe uma sequência natural de eventos no estabelecimento, crescimento e consolidação da produção de leite. De início, ocorre a venda de leite cru nas ruas, pois a produção das fazendas é baixa e a população das cidades muito pequena. O produto adquirido é imediatamente fervido para conservação por períodos mais longos, e as donas de casa mostram preferência por leite recém-ordenhado, advindo daí o sucesso dos produtores situados nas margens das cidades. Com o crescimento dos centros urbanos, aparece a necessidade de aquisição de leite de fazendas mais distantes e as tentativas de transporte para venda direta não traz resultados, por ser o leite um produto que se deteriora rapidamente. Com a descoberta da pasteurização, refrigeração, ferrovias e caminhões, surgiram condições para o aproveitamento do leite produzido em regiões distantes dos laticínios. Fotos muito antigas dessa etapa mostram dois, três ou mesmo quatro latões de 50 litros na beira da estrada, expostos ao sol, esperando o caminhão de coleta que passava uma só vez por dia, para levar o leite para postos de refrigeração ou processamento.

Há cerca de 50 anos, os consumidores dos países evoluídos começaram a exigir cada vez mais leite de boa qualidade. Por esse motivo, houve introdução significativa de ordenhadeiras mecânicas e conceitos de higiene para a ordenha manual, que passou a utilizar baldes de boca estreita e filtros para a remoção de corpos estranhos. Esses fatos, associados a conceitos corretos de higiene do ordenhador, dos estábulos e da manipulação do leite e aos cuidados com a sanidade do rebanho, possibilitam não só um produto mais saudável, como também maior rendimento industrial. A refrigeração imediata do leite ordenhado na fazenda passou a garantir uma menor carga bacteriana e criou meios para o estabelecimento de duas ou mais ordenhas diárias. A grande revolução foi, na realidade, a possibilidade de coleta em dias alternados, trazendo grande economia para o setor.

Toda a evolução descrita criou condições para que o setor leiteiro ficasse cada vez mais forte, culminado com o pagamento por sólidos, que veio remunerar de maneira mais justa o produtor especializado. Com isso, o número de fazendas produtoras foi bastante reduzido, pois as que não tinham condições de investir ou as que se recusavam a acompanhar o processo evolutivo saíram da atividade.

No Brasil, estão surgindo sinais indicativos de que o setor começa a evoluir no sentido das mudanças estruturais necessárias ao conceito de tecnificação e especialização. Entretanto, resistências de ordem cultural, desconhecimento da realidade e pequena capacidade produtiva do país, ainda oferecem oportunidade para que o latão de leite na beira da estrada seja uma constante na paisagem rural brasileira, como foi em outros países no passado.

PRIORIDADE PARA A AGRICULTURA

REVISTA BALDE BRANCO - Nº 407 - SETEMBRO DE 1998

Com a aproximação das eleições presidenciais, volta-se a falar em prioridades para a agricultura brasileira. O tema parece inesgotável e sempre ocupa lugar de destaque nas campanhas políticas, que reconhecem, pelo menos por um curto período de tempo, a importância do setor não só para a economia, mas também para o bem estar da população.

Torna-se, então, inevitável a comparação do desempenho conseguido no país, com o alcançado pelos agricultores das regiões desenvolvidas, quando aparece a realidade de que algo mais precisa e deve ser feito. Problemas estruturais graves e crônicos são relembrados e dificuldades são apontadas para o estabelecimento de uma política realista, em face das diferentes realidades encontradas. Enquanto algumas fazendas praticam agricultura moderna, outras ainda adotam métodos medievais, usados na época em que não se conhecia tecnologia. Baixa produtividade e economicidade conferem ao meio rural um estado geral de pobreza, contrastando com a pujança, o avanço e os resultados obtidos por aqueles que praticam uma agricultura atualizada. Os contrastes tornam os problemas difíceis de serem entendidos e resolvidos no setor agrícola do mundo em desenvolvimento. Para que medidas realistas possam ser tomadas, deve-se em primeiro lugar entender a razão do desenvolvimento da agricultura em algumas regiões do globo terrestre.

Indiscutivelmente, a força inicial para a evolução foi a Revolução Industrial, que possibilitou a migração do homem do campo para a formação dos aglomerados urbanos e a saída de um grande contingente de produtores rurais para formar a força de trabalho das cidades. Por isso, o setor agrícola teve de passar por profundas modificações, já que os agricultores que ficaram no campo deveriam continuar alimentando os migrantes. Houve necessidade de abandonar a atividade típica de subsistência, desenvolvida por fazendeiros que eventualmente vendiam o excesso de produção para os habitantes dos vilarejos. Surgiram, então, as primeiras fazendas comerciais que possibilitaram um rápido desenvolvimento. Nos países desenvolvidos, na metade do século XX, um agricultor já era capaz de produzir alimentos para 40, 50 ou mais membros da sociedade urbana.

Para cumprir de maneira apropriada o seu importante papel, o setor teve de adotar novos conceitos de trabalho, através do uso de tecnologia e, para tanto, se tornou imprescindível o estabelecimento de uma pesquisa científica bem estruturada e de um serviço de extensão atuante e dinâmico, capaz de educar e de levar até o agricultor as inovações para elevação da produtividade e rentabilidade. Foi necessário também o aparecimento de mercados para garantir o fluxo de produtos do campo para as cidades. As prioridades agrícolas deixaram de ser exclusivamente rurais, porque, transporte, armazenamento, processamento e comercialização passaram a ser parte integrante da cadeia produtiva.

Por tudo isso, é que o desenvolvimento econômico, no seu sentido mais amplo, deve constar dos programas de incentivo à agricultura, que depende de consumidores com poder aquisitivo suficiente para absorver e pagar o valor real do produto. Havendo excedentes, programas de exportação passam a ser essenciais para alavancar a expansão e o fortalecimento de atividades econômicas ligadas à agricultura. Se a economia for bem, surgirão condições básicas para o desenvolvimento de um setor agrícola receptivo a modificações estruturais profundas e realistas.

Argumenta-se que o subsídio e as medidas protecionistas adotadas para a agricultura da maioria dos países ricos sejam o alicerce para o desenvolvimento do setor. Entretanto, deve-se considerar que, isoladamente, não são capazes de garantir profissionalismo, eficiência e rentabilidade. Sabe-se que algo mais do que simples medidas de crédito e proteção devem estar presentes para que possa haver desenvolvimento harmônico da agricultura.

Existiram tentativas, no continente africano, de estímulo ao setor leiteiro com a distribuição gratuita de vacas, concentrados e outros insumos, sem nenhum resultado palpável, porque os produtores não conseguiram absorver conceitos tecnológicos. Até a década de 1970, o meio rural brasileiro dispunha de crédito subsidiado e programas gerais de estímulo, e nem por isso modificações profundas foram detectadas, porque a adoção de conceitos científicos de agricultura não foi incorporada pela maioria dos produtores. Se medidas realistas não forem introduzidas, na primeira eleição do novo milênio estarão falando, ainda, em prioridades para a agricultura de um país com um potencial imensurável.

REMINISCÊNCIAS

REVISTA BALDE BRANCO - Nº 414 - ABRIL DE 1999

Tem-se a impressão de que há cinquenta anos não se reclamava tanto da atividade leiteira, apesar de o preço do leite nunca ter sido considerado bom. O fato, talvez, possa ser explicado porque as fazendas eram diversificadas, e o leite, muitas vezes, se constituía num complemento da pecuária de corte, das culturas de café, algodão, milho, mandioca, arroz, feijão e de outras atividades agrícolas. Existiam poucas fazendas e rebanhos especializados, os sistemas adotados eram extensivos, e os investimentos no setor muito baixos ou nulos.

A seca e a geada, consideradas os grandes fantasmas, provocavam produção fortemente estacional e problemas de emagrecimento dos animais, às vezes, seguidos de morte. A suplementação alimentar nas épocas desfavoráveis inexistia, ou então, se usava capim passado de baixo valor nutritivo, quando havia eletricidade e picadora de forragem, fato que evitava a morte, mas não equilibrava a produção. Havia uma certa fertilidade natural do solo, porque o processo extrativo se iniciava, e a baixa lotação das glebas ajudava a reduzir a transferência de nutrientes para fora da fazenda, a proliferação de plantas invasoras e a degradação dos pastos.

As pastagens grandes, distantes do curral, forneciam a base para a alimentação do rebanho e, muitas vezes, eram implantadas em terrenos acidentados. Acordava-se muito cedo, bem antes do nascer do sol, sendo necessário enfrentar a escuridão, a geada e as chuvas, geralmente montado em um cavalo velho e manso para buscar o gado. O cachorro treinado, esperto e sempre alerta, servia de companhia e arrebanhava os animais desgarrados. O cheiro da terra molhada, do capim-gordura, das frutas do campo e das flores talvez não fosse valorizado, mas muitos anos depois, com certeza, trariam recordações marcantes e intensas.

O aroma do esterco fresco, que impregnava o ar da manhã, era agradável e característico, porque as vacas recebiam pouco ou nenhum concentrado. O rebanho, conduzido, muitas vezes, de maneira semelhante a que se usa para o gado de corte, se juntava rapidamente, pois o cachorro, o chicote e o cavaleiro possibilitavam acelerar o passo, mesmo se as vacas fossem raçadas, preguiçosas e não apreciassem os galopes.

O berro das vacas e dos bezerros enchia o amanhecer com um lamento difícil de ser esquecido. A ordenha com o bezerro ao pé podia ser realizada nos currais sem calçamento ou nos ranchos, mas a lama era sempre um problema na época das chuvas. A ordenha manual exigia destreza, treinamento e certa dose de coragem quando se trabalhava com vacas azebuadas. O amansamento de uma novilha, para a retirada do leite, era divertido e perigoso se o animal fosse bravo e, muitas vezes, as crianças que auxiliavam na ordenha tinham de carregar um porrete para a defesa pessoal.

O leite precisava ser coado através de um pano de saco lavado com sabão de cinza, no ribeirão, para segurar todas as impurezas grandes provenientes de um ambiente não muito favorável. Quando se tentava introduzir a ordenha vespertina, sem a existência de um refrigerador, os latões eram mergulhados nas águas do córrego, numa tentativa de conservar um produto perecível. Uma caneca de leite tirado na hora, quente, espumoso e gordo, era uma das boas coisas da vida para o pessoal da fazenda e os visitantes da cidade.

Os sistemas de manejo adotados eram, em geral, rudimentares, pois se desconheciam os princípios de nutrição, conforto e saúde. Por esse motivo, somente um gado rústico podia se usado, e as tentativas de introdução de vacas com maior proporção de sangue especializado falhavam sempre. A monta natural prevalecia nas fazendas, o fornecimento de minerais era irregular e limitado ao consumo voluntário no cocho, nem sempre coberto, o uso de concentrados, pequeno e sem critério e o combate a endo e ectoparasitos, esporádico. Vacinações não eram levadas a sério e práticas como benzimento, colocação de querosene na nuca e outras de curandeirismo bastante empregadas. Procurava-se, com grande intensidade, a planta forrageira capaz de resistir à seca, à geada e crescer vigorosamente em solos de baixa fertilidade, encharcados ou declivosos.

Hoje, os tempos são outros e, apesar da grande evolução nas últimas décadas, a maioria dos fatos descritos para o passado ainda está presente nas fazendas leiteiras, indicando estagnação nos conceitos e explicando os baixos índices de produtividade, a escala diminuta e o pequeno retorno econômico. Por outro lado, muitas das mudanças ocorridas contribuíram para acabar com as conversas ao pé do fogo, os 'causos' de assombração, as pescarias, as caçadas e outras atividades que alegravam as fazendas produtoras de leite do passado.

QUE O ANO NOVO TRAGA ESPERANÇA

REVISTA BALDE BRANCO - Nº 423 - JANEIRO DE 2000

Faz parte da natureza humana, desejar que o ano novo chegue trazendo paz, felicidade, sucesso nos empreendimentos e mudanças significativas que possibilitem a solução dos problemas, das desilusões e dos anseios. É hora também de se fazer um balanço do que foi deixado para trás, analisando não só aspectos positivos, mas também os negativos para que não se repitam, e o futuro possa ser diferente e mais tranquilo. O entendimento dos fatos do passado pode, muitas vezes, auxiliar nas tomadas de decisões importantes para o estabelecimento de planejamentos e esforços para reverter situações desfavoráveis e não desejadas. A busca de novos caminhos pode abrir perspectivas para o encontro de soluções realistas e exequíveis.

O setor leiteiro sofreu grandes e profundas modificações nas últimas décadas, que afetaram de maneira decisiva todos os componentes da cadeia produtiva, principalmente os produtores que não estavam preparados para enfrentar uma situação inusitada. A entrada do leite na economia de mercado foi, talvez, o ponto mais significativo, seguido das mudanças no comportamento dos consumidores. A desregulamentação do setor eliminou do mercado o preço estabelecido para o produto, que passou a flutuar de acordo com a lei da oferta e da procura.

A entrada fulminante do leite longa vida no mercado criou a necessidade de matéria prima mais barata, para compensar custos mais elevados de industrialização e estocagem, e possibilitou a participação de áreas remotas no abastecimento dos grandes mercados consumidores. As bacias leiteiras de abastecimento de leite fluido para os grandes centros populacionais perderam sua importância relativa, e a produção de leite se deslocou para o Estado de Goiás e outras áreas que pouco participavam do mercado. Tudo isso foi acompanhado de um grande desenvolvimento no setor industrial, que passou a produzir novos produtos lácteos, aceitos e procurados por consumidores cada vez mais exigentes por qualidade, sabor e características diferenciadas de consistência, aparência, etc.

Os produtores que fizeram investimentos altos em animais, instalações, equipamentos e adotaram sistemas que exigiam o uso de grandes quantidades de insumos, foram pegos de surpresa por todas as mudanças ocorridas, num momento em que procuravam adotar novos conceitos de produção. A partir dos anos 1970, as fazendas produtoras de leite estavam passando por modificações conceituais, adotando sistemas que levariam invariavelmente ao confinamento. A produção por lactação passou a ser o grande fator de valorização dos rebanhos, criando um mercado comprador que pagava muito bem vacas e novilhas consideradas de melhor qualidade.

Foi a época em que a venda de animais passou a ser considerada, por muitos, mais importante que a produção de leite, fato que provocou mudanças também no conceito do uso de reprodutores. Os touros nascidos no Brasil, que eram supervalorizados nas exposições e levados para centrais de inseminação, foram perdendo importância, e o uso de sêmen importado cresceu. O movimento foi tão forte, que forçou a mudança de sistemas eficientes e bem testados por comunidades de imigrantes com longa tradição no setor leiteiro. O confinamento havia sido estabelecido na década de 1950 nos Estados Unidos, levando a resultados bons, quando transportado para outras regiões com condições favoráveis. A facilidade operacional, os bons índices de produção por lactação e a possibilidade de se copiar o que existia no exterior estabeleceram no país as bases para a ampliação dos sistemas que passaram ser considerados tecnificados. Tudo teria corrido bem, inclusive a introdução de 'mega' fazendas de confinamento, existentes em algumas regiões americanas, se o mercado não tivesse imposto novos rumos.

O comportamento do preço do leite, mostrado por institutos de pesquisa, o desmoronamento do mercado de animais de qualidade e, sobretudo, a adoção de sistemas de custo de produção elevado criaram dificuldades muito grandes para vários produtores. A mudança de rumo deve, então, levar a uma revisão de um conceito que foi válido para o período em que foi criado e que, com certeza, precisa ser revisto no terceiro milênio, se as tendências continuarem no caminho estabelecido. O conhecimento tecnológico hoje existente pode possibilitar o ajuste da produção ao mercado e permitirá, para alguns, a volta da esperança. Deve-se pensar que vários países importantes na produção de leite não adotam como premissa básica, a produção por vaca, e conseguem resultados significativos, usando sistemas intensificados, rentáveis e compatíveis com a realidade dos mercados.

HERANÇA CULTURAL

REVISTA BALDE BRANCO - Nº 438 - ABRIL DE 2001

A história da alimentação do ser humano, desde os primórdios das sociedades consideradas civilizadas, fornece argumentos para justificar por que a pecuária de leite evoluiu rapidamente em algumas sociedades e manteve um caráter extrativista e pouco organizado em outras. Por exemplo, a origem multirracial do brasileiro talvez ajude a explicar fatos relacionados com a atividade leiteira no país. Além de portugueses e espanhóis, outros povos sem tradição na exploração de vacas leiteiras contribuíram de maneira significativa para a formação de sistemas agrícolas com bovinos não especializados em leite.

Analisando a história dos hábitos alimentares, fica bem caracterizada que os mediterrâneos consumiam basicamente cereais, leguminosas, pouca carne e outros produtos de origem animal, sendo a dieta baseada na tríade clássica trigo-vinho-azeite de oliva. Egípcios, fenícios, gregos, romanos cartagineses, árabes e judeus consumiam leite e seus subprodutos mais como complemento e, frequentemente, utilizavam cabras e ovelhas para o suprimento. Por outro lado, os europeus do norte sempre tiveram o leite e seus subprodutos como base das dietas alimentares, e a vaca leiteira foi muito importante para a sobrevivência no hemisfério norte, onde o clima impiedoso exigia outra concepção de vida.

Relatos históricos indicam que os gregos e os romanos consideravam que os germânicos, cuja alimentação era baseada em leite, carne e queijo, eram, por esse motivo, considerados bárbaros. As atividades agrícolas dos romanos e dos gregos tinham como base o cultivo de cereais, leguminosas e verduras, destinadas ao abastecimento dos grandes centros urbanos da antiguidade, e a carne era proveniente de sacrifícios destinados aos deuses. Por outro lado, os povos considerados bárbaros também cultivavam os campos, mas a atividade principal era a criação de animais domésticos, a caça e a exploração dos recursos naturais dos campos, das florestas, dos rios e dos lagos.

Sobre o consumo de alimentos nos países evoluídos, o leite e seus derivados raramente eram mencionados até o século XX, sendo o fato atribuído às dificuldades de conservação, do comércio retalhista ser local, e os produtos considerados alimentos dos camponeses. Entretanto, o queijo, a manteiga e o leite fermentado eram utilizados há muito tempo para a preservação de um alimento bastante perecível.

Somente a partir dos anos de 1930 foi possível estimar o consumo em equivalente-leite de diferentes países, sendo considerados grandes consumidores (526 a 827 gramas por habitante por dia), Suíça, Finlândia, Suécia, Irlanda, Noruega, Holanda, Dinamarca, Áustria, Estados Unidos e Alemanha. Na categoria de consumidores médios (350 a 450 g), se encontravam França, Grã-Bretanha e Bélgica. Entre os pequenos (180 a 268 g), foram citados Itália, Grécia, Espanha e Turquia, sendo o consumo português de apenas 40 g, valor muito semelhante ao observado para muitos países na atualidade.

Os historiadores admitem que, com o início da chamada Revolução Industrial, ocorreram mudanças significativas na atitude dos consumidores europeus, pois o leite passou a ser também encarado como alimento para adultos. Entretanto, o leite fresco foi adotado tardiamente e de maneira mais limitada nos países que historicamente não tinham tradição no consumo ou na produção.

Viajantes europeus que visitaram o Brasil após o descobrimento notaram que o leite e os seus derivados não eram encontrados com facilidade, fato até hoje detectado em várias regiões do país. Relatos sobre a vida em fazendas mistas do início do século XX até os anos de 1950 revelam que os sistemas utilizados para produção eram extrativistas, ocorrendo acentuada estacionalidade de produção, baixa produtividade do rebanho, e que a atividade não podia ser caracterizada como especializada.

Nos Estados Unidos, no mesmo período, o leite representava mais de 65% da renda bruta das fazendas, e o setor mostrava avanços consideráveis em qualidade de leite, produtividade dos fatores de produção e as cooperativas se tornaram fortes e estruturadas. A leitura de biografias de americanos que nasceram, viveram e trabalharam em fazendas leiteiras revela as grandes dificuldades, os problemas, os conceitos e, sobretudo, a satisfação de exercer uma atividade típica de seus ancestrais. No Brasil, as glebas colonizadas por imigrantes de países europeus com tradição na produção de leite sempre tiveram destaque.

Com certeza, somente a herança cultural não explica ou justifica os problemas crônicos do setor leiteiro no país, mas é provável que participe do complexo emaranhado de dificuldades que impedem a modernização e a estruturação da atividade, apesar do avanço tecnológico das últimas décadas.

VISUALIZAR O PRESENTE, OLHANDO O PASSADO

REVISTA BALDE BRANCO - Nº 443 - SETEMBRO DE 2001

Sessenta anos atrás, a agricultura americana não era tão desenvolvida como hoje e o setor rural enfrentava dificuldades como consequência das mudanças profundas que estavam ocorrendo no mundo, que se adaptava ao longo período da Segunda Guerra Mundial, impondo uma nova ordem política, econômica e social. Com o objetivo de orientar o posicionamento, a postura e a atitude dos fazendeiros para um futuro cheio de mudanças e incertezas, o Departamento de Agricultura dos Estados Unidos da América publicava um livro contendo análises das tendências e problemas da época e dos esforços a serem feitos para que o setor rural tivesse condições de se adaptar, ajustar e, então, crescer e se fortalecer.

Iniciando o relato dos pontos fundamentais, havia um alerta de que se tratava de uma análise do contexto daquele momento da história e que, no futuro, os leitores poderiam considerar os fatos apresentados como velhos e ultrapassados, se os problemas fossem substituídos por outros, que, então, seriam os importantes para o novo período. Os conceitos apresentados a seguir fazem parte do texto histórico, são ainda atuais para o momento e úteis para nos ajudar a refletir, planejar e, quem sabe, tomar decisões para enfrentar uma realidade que se transforma rapidamente, trazendo preocupações, dificuldades e também incertezas.

1. O ponto fundamental deve ser o reconhecimento do fato de que a agricultura enfrenta profundas modificações e que devemos fazer esforços para nos ajustarmos. Entre elas, pode-se citar a mecanização, as grandes migrações populacionais, as alterações nos mercados internacionais, mudanças na economia da nação, problemas graves de erosão dos solos e a aproximação do fim da abertura de novas fronteiras agrícolas. A agricultura não pode se furtar de contribuir para o fortalecimento da economia do país, e este sentimento deve exercer uma influência decisiva nas tomadas de decisão dos dias atuais.

2. É necessário que exista o reconhecimento das inter-relações que acontecem no mundo moderno, pois os problemas agrícolas não são exclusivos dos que vivem no campo. O meio rural e o urbano estão ligados de diversas maneiras, pois a agricultura depende decisivamente da quantidade e da estabilidade dos empregos urbanos e os acontecimentos em outros países vão afetar profundamente os agricultores que hoje trabalham nos EUA. Sob o ponto de vista prático, o reconhecimento dessa nova situação é importante para o equacionamento das soluções viáveis para os problemas econômicos. O que aparentemente parecem ser problemas separados são, normalmente, partes de um todo, e não se pode atacar as partes sem a solução do conjunto, e isso só pode ser realizado através de planejamento criterioso.

3. Existe um conflito na agricultura que não pode ser solucionado a menos que adquiramos maturidade suficiente para considerar a agricultura como indústria. O conflito pode ser caracterizado no fato de que de um lado estamos procurando aumentar a eficiência na agricultura e, como consequência, necessitando de um número menor de pessoas, de outro lado, estamos promovendo ou tolerando ineficiência, admitindo a agricultura de subsistência como a única maneira de favorecer aqueles que foram alijados do processo produtivo moderno pela incapacidade do uso de tecnologia.

4. Os problemas e as metas dos agricultores empresariais dominam as políticas agrícolas atuais. Entretanto, de um terço a metade dos agricultores não contribuem para a comercialização de alimentos e matérias primas. Eles têm pouco ou nada para vender, não competem no mercado, vivem à margem da pobreza e se transformam em migrantes sem teto. Como a taxa de nascimento nesse segmento populacional é grande, o problema é preocupante para o futuro.

5. A aplicação de tecnologia em algumas fazendas contribuiu para aumentar significativamente a produtividade, mas esse fato não solucionou os problemas do setor agrícola como um todo, e existe uma consciência crescente das implicações sociais advindas do maravilhoso progresso tecnológico do mundo moderno.

As ponderações apresentadas aos agricultores no final da década de 1930 chamava a atenção para o fato de que somente o desenvolvimento econômico e, como consequência, o social, seria capaz de eliminar as dificuldades do setor agrícola, e então, criar o alicerce para o desenvolvimento integrado do meio rural. Os conceitos amplos da globalização foram apresentados e tinha-se consciência de que os problemas sociais não seriam solucionados pelo uso de tecnologia, que criava novas perspectivas somente para um pequeno segmento da população, que passaria a produzir alimento para o restante da população.

SIGNIFICADO DA VACA

REVISTA BALDE BRANCO - Nº 485 - MARÇO DE 2005

No início do desenvolvimento da humanidade, alguns animais eram endeusados por revelarem força, beleza, astúcia, ou pelo que ofereciam para a subsistência das comunidades. Os bovinos, e a vaca em especial, foram reverenciados em diferentes civilizações, como, por exemplo, na egípcia, onde deuses meio humanos, meio animais eram representados em esculturas ou descritos em textos religiosos.

Para sobrevivência e desenvolvimento das civilizações ocidentais, a contribuição da vaca foi essencial no estabelecimento do ser humano em regiões de clima inóspito, como no hemisfério norte, oferecendo alimentos, trabalho, vestuário e utensílios feitos de couro.

Em algumas comunidades africanas, como a dos pastores seminômades Massai - que sobrevivem à custa de leite, carne e sangue extraídos de bovinos vivos - há uma convivência de grande intimidade com as vacas, pois eles dependem delas não somente para sobrevivência, mas também manutenção de sua cultura. Esse povo não caça nem cultiva grãos, e os guerreiros não podem consumir outros alimentos que não aqueles provenientes dos rebanhos.

Existe a ideia generalizada de que os bovinos, especialmente as vacas, são sagrados na Índia, mas na realidade não são adorados como divindades, e, sim, considerados representantes de todo o reino animal e um elo com o Criador. Por esse motivo, são respeitados, defendidos e nunca abatidos. A vaca leiteira representa para os hindus, o mistério sagrado da maternidade e simboliza caridade e desprendimento, pela maneira como distribui seu leite, que é essencial para as crianças. O significado místico é de que sejam símbolos da generosidade dos deuses, pois consomem alimentos que o homem não utiliza e contribuem com outros benefícios para os humanos.

Estudos criteriosos revelaram que o esterco, além de ser utilizado para edificação de casas de adobe[1], pode ser também queimado, gerando energia equivalente a uma quantidade imensa de lenha. Os dejetos que voltam todo ano para o solo representam várias toneladas de adubo, garantindo a produção

1Adobe - material usado na construção civil, considerado um dos antecessores históricos do tijolo de barro.

de alimentos. Além desses aspectos, a energia utilizada na forma de tração pelos bovinos permite uma economia considerável de combustível, fato muito importante para uma população carente.

Em outros países em desenvolvimento, inclusive no Brasil, a vaca, mesmo não sendo reconhecida como fundamental para a sobrevivência, como acontece na Índia ou na África, tem importância muito grande para inúmeros agricultores pobres, que trabalham em sistemas de simples extrativismo. Uma prova é que cerca de 25% das propriedades agrícolas do país produzem algum leite. A vaca de sangue Zebu consegue, como nos outros continentes, sobreviver em condições precárias, e, mesmo assim, contribuir para a subsistência de fazendeiros sem cultura, conhecimento técnico, visão ou poder de investimento.

A venda do leite e de algumas cabeças por ano garante um complemento da renda familiar em atividade que não usa insumos, tecnologia ou investimentos, como pode ser observado nas regiões montanhosas, de terras pobres ou de minifúndios improdutivos. Geralmente, a produção de leite é associada à pobreza, quando, na realidade, indica incapacidade de condução de qualquer outra atividade econômica para exploração do solo. O fato é bem evidenciado nos assentamentos da reforma agrária, pois vários lotes, depois de passarem por tentativas frustradas de produção agrícola, estão sendo utilizados somente para a criação de bovinos e a extração de leite.

Por outro lado, não se sabe por que o significado de vaca no linguajar do brasileiro, fora do contexto agropecuário, seja depreciativo. O termo é usado na caracterização de mulher leviana, que aceita qualquer homem; de indivíduo frouxo, moleirão ou covarde, e, até mesmo, de surfista que cai da prancha. Termos derivados, apresentados nos dicionários, podem ser empregados para indicar problemas de personalidade, como acontece com vacal, que pode ser usado para individuo indigno, indecente e desprezível, ou ainda, vacão, empregado para definir homem inútil, indolente, rústico, estúpido e de inteligência curta. A expressão idiomática 'a vaca foi pro brejo', muito utilizada, indica malogro ou frustração.

O fato se torna mais curioso com a observação de que também na língua inglesa o termo 'cow', usado como verbo, tem o sentido de acovardar-se, tornar-se tímido e submisso. Gíria como 'have a cow' indica estado de braveza ou agitação, um sentido oposto ao temperamento do animal leiteiro. A palavra composta 'sacred cow' caracteriza uma pessoa ou entidade que não aceita crítica ou fato que impede o progresso. É estranho e inexplicável que o significado da palavra vaca não seja condizente com sua imagem e importância para o meio rural.

A vaca tem sempre papel relevante, revela aparência bonachona, temperamento dócil e, geralmente, desperta no homem do campo e da cidade, um sentimento de grande simpatia e, assim, o significado de vaca na linguagem popular está longe de ser justo e coerente.

DÚVIDAS QUE SE PERPETUAM

REVISTA BALDE BRANCO - Nº 499 - MAIO DE 2006

É indiscutível a evolução em algumas fazendas leiteiras do Brasil, como consequência da revolução tecnológica que vem acontecendo no setor, desde a Segunda Guerra Mundial. No início do novo milênio, conhecimentos aprofundados sobre nutrição, reprodução, sanidade, melhoramento genético e estresse possibilitam produtividades elevadas de rebanhos que são manejados adequadamente com o uso de conceitos científicos e gerenciais para a produção de leite.

Informações geradas por trabalhos experimentais bem delineados e confiáveis são difundidas rapidamente por intermédio de comunicação eletrônica e intercâmbio cada vez mais ativo entre grupos de pesquisa dos mais diferentes países. Depois que a língua inglesa passou a ser considerada oficial para publicação de resultados e discussões em eventos técnicos e científicos, se tornou possível saber com detalhes o que está sendo programado, executado e obtido em todas as regiões do mundo, revelando que também na área da ciência existe globalização do conhecimento.

Considerando este cenário promissor para a difusão de tecnologia, causa preocupação a perpetuação de dúvidas sobre algumas particularidades da pecuária de leite entre produtores e técnicos. Um exemplo característico é a incerteza de adoção de sistemas de produção, um fato que vem ocorrendo há praticamente 25 anos, apesar de os conceitos serem discutidos, analisados e difundidos.

Aparentemente, não se consegue transmitir a ideia de que o modelo de manejo e criação de animais nada mais é que uma ferramenta operacional para a manipulação dos recursos produtivos e da capacidade do produtor de equacionar problemas ou dificuldades inerentes à propriedade, visando ao lucro na exploração de vacas leiteiras.

A escolha do modelo de produção fica, então, na dependência de características relacionadas com o conhecimento técnico disponível, relevo, tipo de solo, clima, mercado, existência de equipamentos e possibilidade de manutenção, qualificação da mão de obra, tipo de gado e muitas outras características típicas da fazenda, região ou país.

Por esses motivos, pode-se encontrar no mundo conceitos muito diferentes de produção, todos apresentando resultados favoráveis a partir da correta aplicação das propostas de manejo e condução do modelo. Alimentação em confinamento ou pasto, instalações rústicas ou sofisticadas, e vacas produzindo muito ou pouco, são conceitos usados com sucesso.

Ao que parece, há anos, permanecem dúvidas sobre a concepção correta de modelo, muitas vezes, marcada pela simplificação, ao se utilizar o sistema em função do potencial de vacas existentes no rebanho. Fazendas em diferentes localidades do mundo não exploram todo o potencial das vacas, porque as circunstâncias econômicas, sociais, climáticas e de mercado não possibilitam condições adequadas para o uso de confinamento, mas obtêm sucesso com outros modelos.

Outra preocupação que parece ser permanente diz respeito a cruzamentos e ao grau de sangue para rebanhos de gado mestiço, fato que não tem sentido sob o ponto de vista técnico, já que cruzamento não é melhoramento genético e o objetivo da proposta é a utilização do vigor híbrido com todas as suas vantagens. As duas características fundamentais da vaca leiteira, independentemente de raça ou grau de sangue, são reprodução e persistência de produção, que possibilitam contribuição elevada de leite na vida útil da matriz explorada na fazenda.

Trabalhos científicos indicam que o vigor híbrido pode melhorar a fertilidade em cerca de 10%, mas as características favoráveis para produção aparecem quando as duas raças apresentam potencial genético e os reprodutores usados mostram qualidades comprovadas por testes de progênie. Talvez, o questionamento exista porque as condições do manejo geralmente empregadas nas fazendas levem à procura de rusticidade, em vez de outras características, além de dar importância ao tipo de gado, ao invés de sua habilidade para a geração de renda caracterizada por persistência de produção e reprodução regular.

A procura de espécies forrageiras com qualidades superiores vem de longa data, e, frequentemente, surgem questionamentos sobre o que usar para melhores resultados. A pastagem é um dos componentes do sistema de produção, e se não houver consciência dos outros fatores que interferem na eficiência da fazenda, resultados satisfatórios são difíceis de serem obtidos.

Além desses aspectos, especialistas vem alertando que o manejo do pasto é mais importante do que a espécie para a obtenção de bons resultados e, por outro lado, a qualidade do rebanho, sua estrutura e seu manejo são fundamentais para a economia. A idealização da forragem milagrosa, capaz de solucionar a baixa produtividade e reduzir custos, está arraigada na cultura nacional, juntamente com outros conceitos desprovidos de racionalidade, que resistem ao tempo, sem justificativa técnica.

E O LEITE IA ACABAR

REVISTA BALDE BRANCO - Nº 501 - JULHO DE 2006

Análise e comentários feitos no passado sobre preocupações e aspirações do setor leiteiro são interessantes para compreender o que se pensava e as soluções propostas para problemas crônicos. Textos escritos na década de 1980 possibilitam caracterizar, num período não muito distante, uma época em que existia interferência governamental estabelecendo preços do leite.

Naquele momento, o Brasil era importador de lácteos para garantir o abastecimento nas épocas de escassez, que eram frequentes, por causa da seca ou geada, provocando forte estacionalidade de produção como consequência da precariedade da suplementação alimentar com volumosos de baixa qualidade obtidos em capineiras, das deficiências de manejo e de fazendas desestruturadas. Havia um clima de conflito permanente entre produtores, laticínios e órgãos governamentais.

Era comum encontrar crônicas, artigos e entrevistas com afirmações de que o fim da pecuária de leite no país era inevitável, como consequência da ação governamental sobre o setor por intermédio de portarias que procuravam estabelecer o preço ao produto. Como as importações eram também controladas pelo governo, existia um sentimento generalizado, de que havia um complô orquestrado para impedir o desenvolvimento do setor leiteiro do Brasil.

Os textos eram agressivos e externavam indignação com afirmações de que incompetência, demagogia e interesses obscuros dos responsáveis, criavam situações difíceis de serem entendidas ou aceitas pelo setor produtivo. Enfim, o governo era apontado como o grande responsável pelas crises periódicas de escassez, porque criava a imagem de que o leite era um fator determinante da inflação alta, fato que justificaria, sob a ótica política, o controle dos preços aos produtores, sempre em patamares muito abaixo dos desejados.

O regime de cotas e excesso para comercialização do produto era muito criticado, com o argumento de que a medida era desprovida de racionalidade, porque o país, frequentemente, importava para garantir o abastecimento. Dizia-se, com frequência, que todos os produtos agrícolas tinham safra e entressafra, mas para o leite, os laticínios convenciam o governo de que o produtor deveria ter uma gratificação para o produto produzido na seca, estimulando a atividade em época de custo elevado para agradar a indústria e fazer cota, com o objetivo de não ser muito penalizado por entregar um volume maior em outros períodos. Contra argumentava-se que o certo seria produzir bastante nas épocas favoráveis e estocar leite em pó e manteiga para evitar ou, ao menos, reduzir as importações.

Outro fato caracterizado como absurdo era o pagamento do frete do leite pelo produtor, que na época, tinha um peso considerável. Para outros produtos agrícolas não era o produtor que assumia o ônus, mas sim, o comprador, que repassava os custos para o consumidor. Novamente, o governo era culpado por favorecer a indústria para garantir matéria prima a preços baixos e venda de produtos industrializados mais caros.

Um obstáculo apontado por impedir crescimento mais rápido e estruturado da pecuária leiteira era a escassez de crédito específico para o setor e a ausência de atitudes de estímulo, que impediam esforços para promover o desenvolvimento necessário e esperado para uma atividade importante, não só para os produtores, como também para a população, considerando as qualidades do leite como alimento.

Uma sugestão curiosa para melhorar a vida do produtor era a desativação de órgãos estaduais e federais ligados ao setor primário e a utilização dos recursos economizados para investimentos básicos nas fazendas leiteiras. Essas medidas não prejudicariam o país e criariam condições para transformar o Brasil em exportador de leite em pó, queijo e manteiga, porque contribuiriam para melhorar a produtividade do rebanho, que era muito baixa, por falta de uma política racional e favorável ao produtor de leite.

Acreditava-se que o governo acabava favorecendo produtores estrangeiros que recebiam subsídios e incentivos, e eram beneficiados pelas importações feitas pelo Brasil. Previa-se que o futuro da atividade era sombrio e que o desânimo tomava proporções preocupantes entre os produtores mais evoluídos, responsáveis pelas fazendas que apresentavam produções maiores e leite de melhor qualidade, e que o país passaria a ficar cada vez mais dependente de produtos importados. Era, então, esperada, a destruição da pecuária de leite nacional em curto prazo.

CONHECIMENTO DA REALIDADE

REVISTA BALDE BRANCO - Nº 502 - AGOSTO DE 2006

O conhecimento detalhado do que está acontecendo na pecuária de leite do Brasil possibilita entender a realidade, comparar com o que ocorria no passado e elaborar cenários para o futuro. Dizer que o setor produtivo está evoluindo ou estagnado, sem embasamento em informações seguras, cria dificuldades para o planejamento do que seria necessário para promover mudanças efetivas na capacidade produtiva das fazendas que se dedicam à árdua tarefa de produzir leite.

Sempre existiram momentos de pessimismo e de otimismo acompanhados de especulações sobre tendências, perspectivas e futuro de um segmento importante da agricultura brasileira, não só pelo fato de produzir alimento de boa qualidade, mas também por disponibilizar matéria prima para a elaboração de produtos para exportação, aproveitando o grande potencial do setor agropecuário brasileiro.

Levantamentos feitos no passado mostravam estruturas e problemas, mas o número de informações era relativamente pequeno, detalhes importantes incompletos e ausência de dados sobre a economia, impossibilitavam comprovar ou desmentir o que se falava e pensava da atividade. Pouco conhecimento era gerado para uma análise mais aprofundada do que ocorria nas propriedades, promovendo condições para a manutenção de índices de produtividade muito baixos, com o correr dos anos.

A mística do clima desfavorável ou inadequado, reclamações sobre falta de apoio governamental, lamentações sobre preços praticados e a falta de resultados econômicos eram fatores apontados como barreiras ao desenvolvimento do setor, pelo simples fato de ocorrerem com frequência e insistência no tempo, e não por causa de informações capazes de demonstrar se eram falsos ou verdadeiros os conceitos, repetidos tantas vezes, que passavam a ser considerados como verdades. O setor se autodepreciava e a produção de leite sempre foi considerada um negócio duvidoso, sob o ponto de vista econômico.

O Diagnóstico da Pecuária Leiteira, publicado na edição de número 500 da Revista Balde Branco, elaborado pelo professor Sebastião Teixeira Gomes, da Universidade Federa de Viçosa, deve ser considerado como um marco significativo para o futuro do setor leiteiro, por inovar com informações, antes, inexistentes, por analisar a situação no maior Estado produtor de leite do país, não só sob o ponto de vista produtivo e estrutural, mas também socioeconômico, fornecendo informações sobre aspirações e indicações de que taxas de remuneração de capital podem, sim, ser bastante atrativas, se a fazenda for gerenciada, fato que contradiz o que vem sendo repetido ao longo dos últimos cem anos.

Indicadores publicados revelaram avanços inquestionáveis nas fazendas produtoras, mas apareceram também informações preocupantes. Por exemplo, a produção média por vaca do rebanho por ano, utilizada universalmente para indicar estrutura de produção, manejo e qualidade do rebanho, aumentou 76% desde o último levantamento realizado em 1995, mas em termos absolutos o incremento foi de apenas 85 litros por ano, o que representa 0,233 litros por dia. Mesmo no segmento de 500 a 1.000 litros diários, os dados mostraram que a produção por vaca do rebanho representou 69% da média diária das vacas em lactação, quando o valor deveria ser de 83 a 85%. Isso significa perda de 1,5 litros por dia por cada vaca mantida na fazenda, ou 150 litros, considerando a média de 100 matrizes por fazenda.

O problema, em parte, se deve à manutenção de rebanhos não especializados, contendo menos que 30% de vacas com predominância de sangue de raças especializadas. Indicadores de criação generalizada de machos e de aleitamento natural sinalizam redução considerável na quantidade de leite produzido no Estado.

Analisando o trabalho completo, chamou a atenção o fato de que no estrato de produtores com mais de 1.000 litros diários, havia 39% de vacas no rebanho, da quais, 75% em lactação, e que, portanto, somente 29% de animais produziam renda, quando o ideal seria de 50 a 60%. Essa informação mostra que as fazendas leiteiras, na realidade, são de criação, com grande número de animais que não produzem leite, contribuindo para um elevado investimento, da ordem de R$ 2.440,00[2] por litro de leite produzido diariamente, considerando todas as fazendas avaliadas, demonstrando a incompatibilidade entre o volume produzido e o capital empregado.

Graças ao volume e à qualidade das informações disponibilizadas, foi possível obter uma compreensão mais clara dos resultados econômicos revelados para os pequenos produtores, assim caracterizados por número diminuto de

2Dólar em 01.08.2006 cotado a R$ 2,1905.

vacas produzindo na fazenda, e não por área pequena.

O PASSADO NO PRESENTE

REVISTA BALDE BRANCO - Nº 509 - MARÇO DE 2007

Encontrar, por acaso, no meio de documentos históricos acumulados ao longo de meio século, uma foto de 1917 mostrando a velha casa da fazenda e em frente dela, o patriarca encostado na porteira relembra uma época em que o dono vivia na roça e dela conseguia tirar o sustento da família e amealhar um patrimônio. Na fotografia, ele observava o filho ordenhando manualmente e de cócoras, uma vaca malhada, com o bezerro amarrado em uma das mãos.

Na época, a produção de leite era atividade secundária sob o ponto de vista econômico, por causa da baixa produtividade do rebanho, da demanda regional pequena, mas era imprescindível nas fazendas mistas, por tradição e importância para a sobrevivência, mesmo gerando pouca renda. O produto, extraído de vacas sem raça definida, era usado para confecção de queijo, manteiga, doces e quitandas, um termo regional que designava broas, roscas, biscoitos e outras guloseimas.

Os bovinos eram abatidos para consumo local ou vendidos para comerciantes que perambulavam pelas estradas comprando gado. Produção de arroz, feijão, mandioca, frutas, legumes, verduras, frangos caipiras, além de pesca e caça, disponibilizavam gêneros alimentícios para todos os habitantes e excedentes para venda. Bois de carro, equinos e muares eram criados para venda e uso local, e a fazenda produzia de tudo um pouco, suficiente para as necessidades, pois a vida era simples.

Considerava-se que a época era de fartura, e a vida nas fazendas, prazerosa. Apesar desse aspecto, os filhos que estudavam e se formavam nas cidades não voltavam para o meio rural. O problema da sucessão era evidenciado com o correr dos anos e a estrutura fundiária era modificada pelo grande número de herdeiros em cada família.

A atividade principal na propriedade da foto era a engorda de grande número de porcos erados, castrados, soltos em glebas cultivadas à mão por meio de covas, com milho, mandioca e abóbora, no meio de terrenos com araucárias, que forneciam pinhão em grande quantidade, também consumido pelos suínos mantidos em regime extensivo. O tempo de ceva durava um ano e os animais eram caçados em mutirões que atraíam grande número de pessoas pela diversão e aventura, pois os porcos se tornavam selvagens e de tamanho respeitável. Relatos históricos descrevem sistema extensivo de engorda de suínos semelhante no sul dos Estados Unidos no século XIX, antes da industrialização.

No início do século XX, a produção de leite era rudimentar, reflexo do pequeno desenvolvimento do Brasil, que se industrializou mais tarde que os europeus e norte-americanos. Não existiam leis trabalhistas e os operários nasciam, moravam e trabalhavam a vida toda na fazenda. Doenças infecciosas eram raras devido à pequena movimentação de gado e de pessoas; a mastite era praticamente desconhecida porque as vacas produziam pouco e tinham esfíncteres fortes nos tetos, e nas regiões de terras de melhor fertilidade, as deficiências minerais eram desconhecidas, devido à extração pequena de nutrientes do solo.

Por outro lado, pastos nativos, falta de suplementação na seca, ocorrência de geadas, reprodução irregular e utilização de vacas rústicas e com baixa persistência de produção resultavam em produção estacional e não possibilitavam exploração de leite como a principal atividade econômica, situação semelhante à encontrada antes da Revolução Industrial das nações do hemisfério norte, ocasião em que também predominavam fazendas mistas no meio rural. Na realidade, o objetivo principal era a criação e venda de gado, que não requeria animais especializados para leite.

O tempo e os homens mudaram. No Brasil, que evidenciou a partir de 1950 o êxodo rural e o desenvolvimento urbano, não existia mais condição para a manutenção das fazendas do passado. A abertura de linhas de captação, o aparecimento de laticínios e a necessidade de leite para abastecer as grandes cidades que cresciam vertiginosamente forçaram mudanças nas propriedades, pois a atividade passou a ser importante e bastante atrativa sob o aspecto de que sempre existia comércio para o produto. Apesar das alterações sociais e econômicas, a formação cultural do fazendeiro no que diz respeito à pecuária de leite foi fortemente influenciada pelo modelo da fazenda mista do passado.

Fazendas leiteiras com ordenha manual, bezerros amarrados na mão de vacas não especializadas predominam no país, utilizando modelo igual ao da foto tirada há 90 anos. A produção, hoje, também não é grande e a venda de gado para melhoria da renda é importante, configurando propriedades mais de criação, mas numa situação de área física reduzida. O produtor se descapitaliza pela manutenção de conceitos de produção extrativa, apesar de todo o conhecimento acumulado no tempo.

Antigamente, o modelo era viável, mas hoje, é uma opção sem sentido, porque a fazenda do passado era maior, tinha baixa produtividade, permitia poupança por não existir o consumismo e, por haver, um estilo de vida que desapareceu.

A MEMÓRIA DO LEITE

REVISTA BALDE BRANCO - Nº 521 - MARÇO DE 2008

A cultura brasileira não tem como tradição preservar o antigo, cultivar a história ou divulgar o passado. Esse fato pode ser comprovado nas cidades que desmancham casas, igrejas, prédios públicos, praças, chafarizes e coretos para a construção de edificações novas, nem sempre, com valor arquitetônico. É uma postura diferente da observada na Europa e em outras regiões, onde cidades completamente arrasadas pelas guerras foram reconstruídas exatamente como eram, com a preocupação de manter a tradição de épocas passadas.

Existem exemplos interessantes como, por exemplo, a cidade de Dublin, na Irlanda, que não permite a construção de prédios altos, respeitando o patrimônio histórico, mas ao mesmo tempo, apresenta modernidade dentro dos edifícios mantendo um padrão socioeconômico de país desenvolvido em uma cidade grande com aspecto de velha. Passeando pela metrópole, tem-se a impressão de que o passado está presente, mas convive com a modernidade. A preservação da identidade, a valorização da história e a divulgação do processo evolutivo fazem parte da concepção de desenvolvimento.

Museus para preservar a história da produção de leite, com o objetivo de possibilitar entretenimento e educação, são encontrados em diferentes cidades do mundo, mas não no Brasil, porque a preservação da memória não é considerada importante e, principalmente, porque não existe interesse. Tais instituições culturais guardam informações abalizadas não só sobre produção, mas também nutrição e produtos lácteos, contribuindo para enaltecer a imagem do produtor de leite e a importância da atividade para o desenvolvimento da humanidade, pois ela contribuiu para possibilitar a urbanização e industrialização, no início do século XX.

Os conhecimentos de como era difícil produzir em um período no qual não havia eletricidade, máquinas para produção de volumosos, transporte adequado, animais especializados e controle de doenças, certamente enaltecem a imagem da determinação do produtor. A preservação do alimento, transformando-o em produtos lácteos como doces, queijos, manteiga, leite condensado e outros, poderia revelar o esforço e o desenvolvimento tecnológico do setor lácteo. A educação é um dos objetivos do museu, mas a preservação de objetos, textos e depoimentos também tem o significado de que o patrimônio representa um registro material da cultura, da expressão artística, da forma de agir e pensar da população de uma determinada época e lugar, um registro de sua história, dos conhecimentos, das técnicas e instrumentos que utilizava.

Uma instituição para preservar a memória do leite poderia coletar livros e publicações técnicas de séculos passados, que revelam detalhes de como foram solucionadas doenças como a tristeza bovina, controladas as verminoses e corrigidas as deficiências minerais e outros problemas graves no meio tropical. Revistas relatando propostas de modelos de produção são interessantes e úteis para o entendimento das dificuldades de se procurar a intensificação sem conhecimento tecnológico.

Artigos de jornais revelariam o descontentamento dos produtores com o preço recebido pelo produto, trariam notícias sobre o desenvolvimento de novas regiões, novos empreendimentos e a importância do transporte ferroviário para a expansão. Levantamentos sobre a situação da pecuária de leite em bacias leiteiras indicariam problemas que se perpetuam com o tempo. O conhecimento do relato escrito de acontecimentos do passado ajudaria na compreensão do que está acontecendo no presente, pois muitos fatos se repetem ou não se modificam. Se todo o material escrito fosse agregado, poderia fundamentar estudos para esclarecer a necessidade da marcha do leite para o Cerrado e o Norte do país, regiões de baixa densidade populacional, típicas de gado de corte.

Uma coleção de equipamentos utilizados na ordenha mecânica poderia indicar o desenvolvimento da técnica que era disponível no Brasil desde o início do século XX e que ainda é pouco utilizada. Batedeiras de manteiga feitas de madeira, desnatadeiras manuais, formas para embalagem são hoje desconhecidas pela maioria, que não pode compará-las com a tecnologia moderna, nem avaliar o trabalho. Métodos de laboratório, manuais para análise do leite são, muitas vezes, desconhecidos, mas tiveram importância muito grande no desenvolvimento dos laticínios.

Técnicas como a de sêmen resfriado tiveram um papel significativo para o desenvolvimento da inseminação artificial numa época em que a distribuição tinha que ser frequente e, mesmo assim, era empregada. Máquinas para colheita e preparo de alimentos volumosos poderiam mostrar que havia tecnologia avançada em épocas passadas, como pode ser visto no museu de equipamentos agrícolas, em Detroit, nos Estados Unidos.

Em outros países, os produtores e os laticínios têm interesse em preservar a memória do leite, porque por intermédio da história, são capazes de revelar a transformação do setor e seu significado. Por que não pensar em um projeto para o país, quando ainda é provável que existam equipamentos, materiais, fotos, literatura e pessoas capazes de contar como era o setor no passado distante e sua evolução com o tempo?

COMO SURGIU A VACA LEITEIRA

REVISTA BALDE BRANCO - Nº 573 - JULHO DE 2012

Estudos recentes compararam o DNA de ossos de vacas de aproximadamente 8.000 anos atrás com o de vacas leiteiras de 20 raças modernas, e chegaram à conclusão de que o desenvolvimento de todos os animais que, hoje, são utilizados, se deu a partir de um rebanho de somente 80 cabeças domesticadas há cerca de 10.000 anos.

As evidências arqueológicas indicam que a domesticação ocorreu no Oriente Médio, mas como as descobertas são incompletas, não se sabe ao certo se este foi o único esforço de domesticação empreendido pelo ser humano. Se a suposição de rebanho único for verdadeira, indica que domesticar os ancestrais dos bovinos modernos não foi uma tarefa muito fácil, considerando que os ancestrais selvagens encontrados na época, denominados Aurochs, eram numerosos e se localizavam na Ásia, África e Europa.

Por meio de estudos arqueológicos, se sabe que os animais primitivos eram de porte muito grande, com chifres potentes, e com certeza apresentavam temperamento bravio e, por isso, a captura, o amansamento e o manejo devem ter sido muito difíceis. Acredita-se que a probabilidade de a evolução ter se dado a partir de um pequeno rebanho seria também devido ao fato de que os indícios arqueológicos da domesticação dos bovinos ocorreram em uma área bastante restrita, compatível com o fato de que somente uma pequena parcela da população do homem primitivo tinha na época hábitos sedentários, iniciando, então, o estabelecimento da agricultura e da criação de animais domésticos.

Por meio de descobertas arqueológicas, se admite que centenas de anos foram necessários para que o homem conseguisse, por meio de seleção e acasalamentos, obter um animal menor e mais dócil na presença do homem. As evidências dos primeiros bovinos domesticados encontrados na Europa indicaram que os animais já eram menores, com chifres curtos, indicando melhores condições para a convivência com os humanos.

Admite-se também que o homem primitivo usava os machos para tração e transporte, e as fêmeas, para produção de leite, quando existia excedentes depois da mamada do bezerro. Com toda certeza, as vacas mais produtivas eram valorizadas por sua produção de alimento para a família dos agricultores de épocas remotas. O homem primitivo não criava bovinos com o objetivo de produção de carne, como acontece, até hoje, em populações de pastores da África e da Ásia, existindo a crença de que a criação para abate seja uma atividade mais recente na historia da humanidade.

As vacas especializadas para a produção de leite provavelmente começaram a ser selecionadas para produção e temperamento dócil na era Neolítica, de acordo com evidências arqueológicas encontradas na Europa, indicando a convivência permanente do homem com bovinos. Entretanto, somente a partir de 1750 teve início, na Inglaterra, um trabalho metódico de melhoramento dos animais domésticos, por meio de seleção, consanguinidade e descarte de animais inapropriados.

Desde então, se considerou importante a coleta sistemática de dados sobre produção de leite, reprodução e características morfológicas. Em 1895, foi introduzida na Dinamarca a primeira associação de registro de dados zootécnicos, com o objetivo de promover o melhoramento do gado leiteiro. Esses registros possibilitaram a identificação de reprodutores superiores, mas somente a partir de 1940, com a ampliação do uso da inseminação artificial, foi possível estabelecer programas realmente efetivos de teste de progênie e descoberta de reprodutores provados de elevado mérito genético para a produção de leite.

Da domesticação até o inicio da Revolução Industrial, o leite não era produzido com objetivo de venda. O consumo se restringia à família do agricultor e os excedentes eram transformados em queijo e manteiga, que serviam de reserva de alimentos para os períodos rigorosos do inverno no Hemisfério Norte. Com a rápida urbanização no final do século XVIII, surgiu a demanda de leite para os habitantes das cidades, e a produção passou a ser também vendida, como mostram relatos históricos.

Os laticínios surgiram no meio do século XIX, quando foram também iniciados os processos de refrigeração e concentração de leite para colocação em recipientes esterilizados. A partir deste ponto, as fazendas leiteiras passaram a procurar vacas cada vez mais produtivas e teve início a profissionalização da produção de leite para venda nas grandes cidades.

Graças à coragem e determinação do homem primitivo no esforço para domesticação, ao bom senso e ao trabalho sistemático de seleção pelos agricultores durante séculos de convivência com a vaca nas margens férteis dos rios, ofertando assim, pastos de melhor qualidade para animais mais produtivos, à força do mercado e ao conhecimento científico aplicado ao melhoramento genético, são encontradas, hoje, matrizes altamente especializadas para a produção de leite.

CRESCIMENTO E EVOLUÇÃO TECNOLÓGICA

REVISTA BALDE BRANCO - Nº 589 - NOVEMBRO DE 2013

O livro *Cem Anos de Pesquisa e Inovação,* publicado pela American Dairy Science Association para festejar o centenário de sua fundação, relata em ordem cronológica, com inúmeras ilustrações, fatos que contribuíram para o desenvolvimento do setor leiteiro nos Estados Unidos. O relato tem início no final do século XIX, período em que foi estabelecida uma base sólida para o crescimento e melhoria das condições referentes à produção de leite. A partir de 1840 até o final do mesmo século houve uma expansão vigorosa dos centros urbanos e elevação rápida na demanda por leite e produtos lácteos, sendo, então, necessário o transporte de leite por ferrovias, estabelecimento nos centros urbanos de fábricas de queijo, manteiga e sorvetes e produção de leite condensado.

No mesmo período, foi iniciada a comercialização de leite evaporado, o uso de garrafas de vidro para embalagem, pasteurização e homogeneização do leite para consumo e desenvolvimento de tecnologias de produção de queijo de melhor qualidade. As ordenhadeiras mecânicas foram introduzidas entre 1850 e 1900 para aliviar o trabalho nas fazendas, e em 1873 já existiam silos destinados à preservação de alimento volumoso.

O controle da produção de leite e de gordura pelas associações de raças foi implantado entre 1880 e 1905. Entretanto, se sabe que uma vaca da raça Jersey produziu em uma lactação 232 kg de gordura em 1854; e uma Holandesa 5.757 litros de leite em 1871. A adoção da pasteurização pelos laticínios foi resultado de estudos feitos em 1889, mostrando que era possível eliminar os bacilos da tuberculose sem afetar as qualidades nutritivas e organolépticas do leite.

Pesquisas a partir de 1880 contribuíram para a descoberta de métodos de melhoria da qualidade dos produtos lácteos relacionados com coagulação, maturação, proteólise e refrigeração, fatos muito importantes para estimular o consumo e contribuir para o desenvolvimento do setor produtivo. Ao mesmo tempo, surgiram pesquisas e publicações técnicas para embasamento da produção e, em 1898, circulava a primeira edição do livro *Alimentos e Alimentação*, com informações básicas para a nutrição de animais domésticos. Neste mesmo ano, foi construído o primeiro calorímetro para estudar o valor energético dos alimentos. No final do século XIX, cursos sobre produção de queijo e sorvete foram ministrados pelas universidades, objetivando a formação de mão de obra para a indústria de laticínios.

A base técnica estabelecida em estações experimentais, a organização do setor com cooperativas, associações atuantes e profissionalismo na condução das fazendas permitiram o rápido desenvolvimento do setor leiteiro e, em 1930, já existiam nos Estados Unidos 4,5 milhões de fazendas leiteiras, 22 milhões de vacas com produção média de 2.043 litros e o país produzia cerca de 50 bilhões de litros de leite por ano.

O conhecimento científico relacionado à nutrição, reprodução, fisiologia, saúde, melhoramento genético e ambiência cresceu depois da Primeira Guerra Mundial e possibilitou um avanço grande em produção e produtividade. O país é, hoje, o maior produtor de leite de vaca do mundo, com mais de 90 bilhões de litros por ano, explorando um rebanho de cerca de nove milhões de matrizes com produção média superior a 9.500 litros por vaca, apresentando um setor leiteiro bem estruturado e muito evoluído.

A produção de leite no Brasil também cresceu nos últimos 50 anos, mas infelizmente não existiu no país uma base tecnológica no passado distante, e por isso, não houve no tempo evolução significativa nos índices de produtividade, e o setor não pode, ainda, ser considerado estruturado.

Em 1961, o país produzia 5,2 bilhões de litros de leite por ano, e 50 anos depois, mais de 32 bilhões. Para tanto, no mesmo período, o número de vacas aumentou de 7,4 milhões para mais de 23 milhões em 2011, e a produção migrou para regiões distantes dos grandes centros urbanos, adentrando áreas de criação de gado de corte.

A produtividade do rebanho, que até 1981 era em torno de 700 litros por vaca por ano, não havia atingido em 2011 a marca de 1.500 litros, indicando predominância de matrizes de baixa persistência, problemas de manejo e ausência de tecnologia. O incremento da produtividade por vaca de 1991 a 2011 foi de somente 219 litros, o que representa menos de 22 litros por ano.

Reconhecidamente, a média do setor leiteiro continua apresentando, numa época de muito conhecimento sobre a atividade leiteira, problemas de organização, qualidade de leite e deficiências tecnológicas na maioria das fazendas produtoras.

A incapacidade de crescer apresentando evolução pode ser consequência da tradição de se adotar conceitos de produção extrativista, atribuição histórica de limitações climáticas, uso preferencial de vacas inadequadas para a produção de leite e falta de política para a educação tecnológica do homem do campo. Em 1908, os Estados Unidos reconheceram a necessidade de criar um sistema de extensão rural para alavancar o meio rural que, no início do século XX, ainda era precário, por também, utilizar conceitos extrativistas e não empregar adequadamente a incipiente tecnologia da época.